SITZUNGSBERICHTE DER SÄCHSISCHEN AKADEMIE
DER WISSENSCHAFTEN ZU LEIPZIG

Mathematisch-naturwissenschaftliche Klasse
Band 110 · Heft 4

PAUL GÖRLICH

BETRACHTUNGEN ÜBER DEN WISSENSCHAFTLICHEN GERÄTEBAU

AKADEMIE-VERLAG · BERLIN
1973

SITZUNGSBERICHTE DER SÄCHSISCHEN AKADEMIE
DER WISSENSCHAFTEN ZU LEIPZIG

Mathematisch-naturwissenschaftliche Klasse
Band 110 · Heft 4

PAUL GÖRLICH

BETRACHTUNGEN ÜBER DEN WISSENSCHAFTLICHEN GERÄTEBAU

AKADEMIE-VERLAG · BERLIN
1973

Manuskript eingereicht am 18. Juli 1972
Druckfertig erklärt am 28. Januar 1973

Erschienen im Akademie-Verlag GmbH, 108 Berlin, Leipziger Straße 3–4

Lizenznummer: 202 · 100/546/73
Gesamtherstellung: VEB Druckhaus „Maxim Gorki", DDR - 74 Altenburg
Bestellnummer: 761 893 2 (2027/110/4) · ES 20 K 2
3,–
Printed in German Democratic Republic

INHALTSVERZEICHNIS

1. Geschichtliches

Aus dem Jugendwerk „Mysterium cosmographicum" von JOHANNES KEPLER, geschrieben im Jahre 1596, geht klar hervor, daß KEPLER bevorzugten Wert auf Genauigkeit der astronomischen Beobachtungen legte, weshalb er folgerichtig nach Verbesserung der Meßmethoden strebte. In jener Zeit bildete sich der neue Inhalt in der naturwissenschaftlichen Forschung heraus, quantitative Naturbeobachtung, Experiment und Theorie als Komplex zu betrachten. Mit diesem neuen Inhalt der Naturwissenschaften sind die Namen GALILEI, KEPLER und NEWTON eng verknüpft [1]. Damit erhielt aber auch der im 16. und 17. Jahrhundert intensiv einsetzende Instrumentenbau einen konkreteren Zusammenhang mit der naturwissenschaftlichen Forschung. Im allgemeinen ist bekannt, daß die Fernrohre in damaliger Zeit entstanden, weniger jedoch, daß Mikroskope ebenfalls Gegenstand des Instrumentenbaues waren [2] wie auch nautisch-astronomische, geodätische und andere Instrumente. Eine große Rolle spielte naturgemäß die Herstellung der optischen Instrumente sowie die dazu nötige Linsenherstellung [3]. Von einem Gerätebau etwa in unserem heutigen Sinne, also aufbauend auf Stückzahlen, kann man jedoch erst Ende des 18., Anfang des 19. Jahrhunderts sprechen, als JOSEPH FRAUNHOFER in Benediktbeuren bei München und CARL ZEISS in Jena ihre Werkstätten betrieben, ihre Probleme lösend, indem sie die Entwicklung und Durchführung technischer Fertigungsmethoden als Hauptpunkte betrachteten, eingeschlossen die Nutzung wissenschaftlicher Erkenntnisse und die Verbesserung des Rohmaterials. FRAUNHOFER als Wissenschaftler versuchte, die Problematik allein zu lösen, ZEISS als Mechaniker und Ingenieur verpflichtete sich den Wissenschaftler ERNST ABBE, der sich, FRAUNHOFER als Vorbild nehmend, anschickte, die Grenze zwischen Wissenschaft und Praxis zu brechen.

Am Ausgang des 19. Jahrhunderts und in den ersten dreißig Jahren unseres Jahrhunderts ergaben sich durch die Ausbildung der Elektronik neue Beziehungen der Wissenschaft zur Technik. Man denke dabei an die Glühelektronenemission, die Röntgenstrahlenphysik, die Photoelektronenemission und andere Gebiete. Die Nutzung der physikalischen Erkenntnisse in der Technik führte zur Herstellung neuer Geräte und Apparate durch Einbeziehung von Verstärkerröhren, Gleichrichteröhren, Röntgenröhren, Vakuumapparaturen, durch die in Rückwirkung auf die naturwissenschaftliche Forschung in dieser neue Erkenntnisse gesammelt werden konnten. Durch Erhöhung der Meßgenauigkeit technischer Geräte beispielsweise unterstützte andererseits die Technik die experimentelle Forschung, z. B. auf den Gebieten der Relativitätsphysik und der Quantenphysik. Wir wissen heute, daß Physik und Technik in enger Wechselbeziehung stehen; moderne Technik kann sich ohne Physik nicht weiterentwickeln, aber auch umgekehrt ist ein Wachstum der modernen Physik ohne Technik nicht möglich. Denken wir dabei nur an die Forschung auf dem Gebiete der Kernphysik und an die kosmische Forschung. Ende der fünfziger Jahre hat sich wohl vornehmlich aus diesem Grunde der Begriff „Wissenschaftlicher Gerätebau" in den Vordergrund gedrängt, und es dürfte keine Anmaßung sein, wenn ERNST ABBE als ein „gewichtiger Pate" beim Entstehen des Begriffes „Wissenschaftlicher Gerätebau" deswegen bezeichnet wird, weil er in den ZEISS-Werkstätten im April 1869 mit seinen Mikroskoprechnungen begann, diese im November 1871 beendete und seine Resultate anschließend in einer hervorragenden Mikroskopproduktion genutzt worden sind [4].

2. Definition des Begriffes „Wissenschaftlicher Gerätebau"

Es darf festgestellt werden, daß in einem langjährigen, durch das Eindringen der Wissenschaft in die Produktion ausgelösten Prozeß sich als Ergebnis der Wechselwirkung zwischen Forschung und Industrie der „Wissenschaftliche Gerätebau" als eigenständiges naturwissenschaftlich-technisches Arbeitsgebiet, als eine eigenständige Disziplin entwickelt hat. Wissenschaftliche Arbeit bedeutet systematisches, reproduzierbares hochpräzises Registrieren bestimmter, bei vorgegebenen Bedingungen verlaufender Vorgänge einschließlich deren Interpretation, und daher sind die Produktionsinstrumente der Naturwissenschaft, die wissenschaftlichen Geräte, ausschließlich „Meßgeräte" einschließlich jedoch mit allem dazu notwendigen Zubehör. Der Oberbegriff „Messung" schließt beispielsweise das visuelle Beobachten und das Prüfen ebenso ein wie etwa auch die selbsttätige programmierte Analyse mit anschließender Registrierung und Datenverarbeitung. Hinzu kommt die Feststellung: der „Wissenschaftliche Gerätebau" als Hauptkettenglied des wissenschaftlichen Fortschritts in der modernen Gesellschaft beeinflußt, als Voraussetzung für jede Weiterentwicklung von Naturwissenschaft und Technik, die Zukunft ganzer Industriezweige. Diese Tatsache und die stimulierende Wirkung des WGB, welche zu völlig neuen Denkweisen geführt hat und noch führt, bereichert im dialektischen Wechselspiel der Kräfte wiederum die Entwicklungsmöglichkeiten des WGB selbst.

Es ist versucht worden, folgende Definitionen für den Begriff „Wissenschaftlicher Gerätebau" (WGB) zu geben:

1. Unter „WGB" verstehen wir gemäß unseren heutigen Bedürfnissen die Herstellung von Geräten, Apparaturen und Hilfsmitteln zur Förderung der Arbeitsproduktivität in der Naturforschung und in der industriellen Produktion [5].
2. Der „WGB" ist eine Querschnittswissenschaft, die Aussagen macht über die Realisierung der von Informationstheorie oder Kybernetik auf der Grundlage des fachwissenschaftlichen Erkenntnisstandes abstrakt gegebenen Möglichkeit der Informationsgewinnung und -verarbeitung [6].

Weitere Überlegungen führten zur Ansicht, daß die inhaltliche Kombination beider Definitionen des „WGB" dem breiten Inhalt des Begriffes „WGB" sehr nahe kommt [7].

Betrachten wir unter den vorgebrachten Gesichtswinkeln den WGB als eine wissenschaftliche Disziplin, so ist es notwendig, gemeinsame Züge dieser Disziplin aufzuzeigen trotz der Heterogenität des gesamten Gebietes. Ansätze für gemeinsame Züge sind mehrfach gegeben worden [7, 8], und folgende haben sich bisher herauskristallisiert:

- wissenschaftliche Ausnutzung der gesamten physikalischen Gesetzmäßigkeiten sowie aller naturwissenschaftlichen Erkenntnisse
- Nutzung der neuen physikalischen Erkenntnisse zur Bildung neuer Grundkonzeptionen
- konsequente Anwendung der Statik und Festigkeitslehre im Konstruktionsbereich
- Nutzung aller Erkenntnisse auf dem Gebiete der Werkstoffe
- Miniaturisierung der mechanischen, optischen und elektronischen Bauelemente und Baugruppen
- Ausnutzung des Baukastenprinzips
- Einfließen der Regel- und Steuertechnik
- Nutzung der Automatisierung und Datenverarbeitung
- Abschätzung des jeweils notwendigen Genauigkeitsgrades
- Abschätzung des jeweils notwendigen Automatisierungsgrades
- Mehrfachnutzung der Geräte in verschiedenen Anwendungsbereichen

— Betreiben weitgehender Applikationsforschung
— prognosische Zielstellungen unter Berücksichtigung der Entwicklung der Naturwissenschaften und der industriellen Technik.

Beachtet werden muß, daß die gemeinsamen Züge der Disziplin „WGB" unter dem bereits stark hervorgehobenen Oberbegriff „Messung" stehen müssen. Die Disziplin „WGB" hängt damit engstens mit der „Metrologie" [9] zusammen. Jeder Fortschritt in der Metrologie schlägt sich praktisch sofort im WGB nieder.

Betrachtet man den WGB als eine eigene wissenschaftliche Disziplin, wie versucht worden ist, diese Notwendigkeit nachzuweisen, so muß man eine Grundtatsache erkennen, die darin liegt, daß die Konstruktion eines Gerätes auf vorhandenen Informationen aufbauen muß [10]. Die Entwicklung von Geräten kann dadurch beschleunigt werden, daß die benötigten Informationen — dazu zählt auch das konkrete Vorhandensein von Bauelementen und Baugruppen — in hinreichender Menge und Qualität vorhanden sind und als günstigste Kombination genutzt werden können. Gerade für den WGB spielt der „information scientist" als Forscher neben dem Theoretiker und dem Experimentator eine immer entscheidendere Rolle, wobei seine Aufgabe nicht in einer Informationsanalyse, wie Sammeln, Auswerten und Nachweis von Informationen zu suchen ist, sondern in einer Informationssynthese, die darin besteht, neues Wissen aus vorhandenem bzw. aus Dokumenten zu schöpfendem Wissen zu schaffen, um vorgegebene Aufgaben zu lösen [11].

3. Gebiete des WGB und deren Bedeutung

Schälen wir, um den selbständigen Wissenschaftszweig WGB, der optische, feinmechanische, elektronische, elektrotechnische, kernphysikalische Aspekte einzeln und in Kombination enthalten kann, deutlicher zu erkennen, einige aktuelle Teilgebiete heraus. Zuvor muß jedoch noch darauf hingewiesen werden, daß die Kombination der aufgeführten Aspekte oftmals große Probleme aufwirft. Bei der Verknüpfung beispielsweise optischer und feinmechanischer Aspekte mit dem elektronischen Aspekt muß die Konstruktion so erfolgen, daß eine vollkommene Einheit entsteht [12], d. h. die Elektronik muß organisch mit in das Gerät hineinkonstruiert werden.

Wenn man davon ausgeht, daß das Messen die Grundaufgabe für den WGB darstellt, so drängt sich sofort die Frage nach der Genauigkeit der Messung auf. Die Methoden mit größter Genauigkeit und Empfindlichkeit sind die spektroskopischen Resonanzmethoden, zu denen die Elektronenresonanz (Elektronenspinresonanz ESR, elektronenparamagnetische Resonanz EPR), die Kernresonanz (kernmagnetische Resonanz bzw. Nuclear Magnetic Resonance NMR) und die rückstoßfreie Kernresonanzabsorption von γ-Strahlen (Mössbauer-Effekt) zählen. Diese Resonanzmethoden gehören ihrerseits zum Gebiet der allgemeinen spektroskopischen Methoden, die im Gesamtbereich des elektromagnetischen Spektrums, jedoch auch in anderen Gebieten, etwa der Akustik, zu großer Bedeutung bei der Untersuchung der materiellen Systeme, der Elementarteilchen, Atomkerne, Atome und Moleküle, auf ihre inneren Energieniveaus hin deshalb gelangt sind, weil es sich dabei letzthin um Frequenzmessungen handelt und diese die bisher exaktesten bzw. genauesten Messungen darstellen. 1939 konnte Rabi den ersten Nachweis der Kernresonanz in Atom- und Molekularstrahlen führen, 1944 fand Zavoisky die Elektronenspinresonanz, 1945/46 zeigten Bloch und Purcell die Spinresonanz von Atomkernen in Festkörpern und Flüssigkeiten auf, und 1957/58 gab Mössbauer die Methode der rückstoßfreien Kernresonanzabsorption der γ-Strahlen an [13]. Seit der Entdeckung dieser Effekte beschäftigt sich der WGB intensiv mit der Herstellung von entsprechenden Großgeräten (Elektronenresonanz-, Kernresonanz und Mössbauer-Spektrometer).

Wen interessieren die Anwendungsgebiete derartiger Spektrometer? Mit dem einfacheren Protonenresonanzspektrometer können bereits alle flüssigen und gelösten Substanzen, die Protonen enthalten, analysiert werden, es kann qualitative und quantitative Analyse erfolgen, ebenso können Konzentrationsbestimmungen durchgeführt werden, Bestimmungen des Wassergehaltes, Reinheitsprüfungen in der organischen Industrie und Forschung, in der pharmazeutischen Industrie und Pharmakologie, in der Erdöl- und Kunststoffindustrie, in der Nahrungsmittelindustrie, in der Chemie von Naturprodukten, in der medizinischen, biologischen und bakteriologischen Forschung. Als besonders zukunftsträchtig kann man die Anwendung der Resonanzspektrometrie auf letztgenanntem Gebiete, der biologischen und bakteriologischen Forschung ansehen, die NMR als Mittel zum Nachweis eines gegebenen Komplexes und der Beobachtung desselben im Verlauf einer Reaktion, die ESR und die Mössbauer-Spektrometrie als Quelle von Informationen über den elektronischen Zustand und die Struktur einer Substanz, wobei allerdings zu berücksichtigen ist, daß die Mössbauer-Spektrometrie nur bei Atomen mit geeigneten Kerneigenschaften benutzt werden kann, wenn es nicht möglich ist, „Mössbauer-Kerne" in das Gitter einzubauen [14]. NMR (in Form von Breitlinien-Kernresonanz-Spektrometern) sind als Kernresonanzmethoden prädestiniert, Untersuchungen zu stimulieren, die bis zu den Kernen einzelner Atome auf bestimmten Plätzen im Kristallgitter vordringen. Diese Kerne selber werden dabei als Sonden benutzt, so daß mit ihnen die Elektronenhülle und die atomare Nachbarschaft der Atome aufgehellt wird, d. h. es ergeben sich Informationen über die Elektronen- und Spinkonfigurationen der Hülle sowie über Struktur und Symmetrie der atomaren Umgebung konkreter Atome im Gitter. Die Möglichkeiten solcher Untersuchungen wirken sich folgerichtig vor allem auf die Verbesserung von Werkstoffen aus, ganz besonders auf die magnetischer Werkstoffe (magnetische Vorzugsrichtungen, Verteilung der Kationen auf den Gitterplätzen, innere Oxydationsvorgänge, Kationendiffusion bei Festkörperreaktionen und weitere Untersuchungsrichtungen, die die magnetischen Eigenschaften von Werkstoffen bestimmen). Es ist nach dem Gesagten verständlich, daß die Resonanzmethoden nicht nur für die Forschung interessant sind, sondern in gleichem Maße für die Industrie. Industrielle Untersuchungsrichtungen sind beispielsweise Alterung von Stählen, magnetische und elektronische Eigenschaften von Metallen und Legierungen, intermetallische Verbindungen, Oxydationsstufen des Eisens in verschiedenen Substanzen, Oberflächenverhältnisse (etwa Adsorptionserscheinungen, Katalyse), Festkörper-, insbesondere Halbleiteranalytik, Informationen über die Natur der chemischen Bindungen und den Molekülbau und über Diffusionsgeschwindigkeiten, um nur einige wenige zu nennen.

Die Resonanzmethoden wurden an erster Stelle erwähnt, um die Frage höchster Genauigkeit in den Vordergrund zu rücken. Die Geräte, die die Resonanzmethoden ausschöpfen, sind jedoch meist sehr aufwendig. In der Forschung und Industrie spielen daher die übrigen Geräte des Bereiches der allgemeinen spektroskopischen Methoden — sprechen wir, um zu verallgemeinern, von physikalisch-optischen und analytisch-physikalischen Meßmethoden — eine große Rolle deswegen, weil bei vielen Fragestellungen die erhaltene Information mit hinreichender Genauigkeit bei einfacherer Handhabung erzielt wird. Da elektromagnetische Strahlung aller Wellenlängen (γ-Strahlen, Röntgenstrahlen, Vakuum-UV, Ultraviolett, sichtbare Strahlung, Ultrarot und Mikrowellen) die innere Energie der Atome, Moleküle und Atomgruppen beim Durchdringen der Materie ändert und damit deren Schwingungszustand, gibt die gemessene Wellenlängenabhängigkeit, wie bereits angedeutet, Kenntnis über den Molekülbau der untersuchten Substanzen, d. h. sie kann zur Strukturanalyse dienen. Die Strukturaufklärung kann also außer durch die hervorgehobenen Resonanzmethoden auch durch Röntgenspektroskopie (Emission, Absorption, Streuung), durch Spektroskopie im UV-Bereich (Emission, Absorption), durch Spektroskopie im sichtbaren Bereich (Emission, Absorption, Remission, Fluoreszenz) und UR-Spektroskopie (Absorption, Raman, Remission) erfolgen [5, 8, 15]. Auf die vielfältigen wissenschaftlichen und industriellen Nutzungsmöglichkeiten physikalisch-optischer, analytisch-physikalischer Geräte im einzelnen einzugehen, dürfte sich erübrigen, weil in der bisher veröffentlichten Literatur praktisch alle Hinweise gegeben sind [4, 5, 7, 8, 12, 16 — 30], aus denen man die Anwendungsbreite entnehmen kann. Hervorgehoben seien als Beispiele aus letzter Zeit lediglich das neue vollautomatisch registrierende Zweistrahl-Spektrometer des Typs Specord für alle diejenigen Teilspektralbereiche, die für Routineuntersuchungen interessant sind, und das verbesserte Gerät für die Laser-Mikrospektral-Analyse, beides Geräte des VEB Carl Zeiss Jena. Die Specord-Reihe überstreicht mit 3 Geräten den Wellenlängenbereich von 200 nm bis 800 nm, 2,1 μm bis 15,4 μm und 9,1 μm bis 25 μm, Bereiche also, die für qualitative und quantitative chemische Analysen, für Konstitutionsuntersuchungen, zur Messung kinetischer Reaktionsvorgänge, für Reinheitsprüfungen und zur Beobachtung von Polymerisationsvorgängen geeignet sind [31]. Eine hohe Stufe des gerätetechnischen und des Bedienungskomforts zeichnen die Specord-Reihe aus. Der Laser-Mikrospektralanalysator mit 2m-Plangitter-Spektrograph kann zur spektrochemischen Analyse eines mikroskopisch kleinen Probenbereichs benutzt werden, indem ein im Okularfadenkreuz eingestelltes Analysenobjekt mit einem Laserstrahl beschossen wird, wodurch eine Substanzmenge in der Größenordnung von 1 μg zur Verdampfung gelangt. Mit diesem Verdampfungsvorgang wird eine Funkenentladung synchronisiert, die als Lichtquelle für die Mikrospektralanalyse im Wellenlängenbereich von 200 bis 1000 nm wirkt. Der Laser-Mikrospektralanalysator ermöglicht Untersuchungen von leitenden und nichtleitenden Materialien; zu analysierende Substanzklassen sind beispielsweise Oxyde, Sulfide, Karbonate, Borate, Sulfate, Chromate, Wolframate, Phosphate, Arsenate, Vanadate, Silikate sowie Metalle und Legierungen der unterschiedlichsten Zusammensetzung. Diese Möglichkeiten zeigen den Anwendungskreis auf, z. B. Mineralogie, Silikattechnik, Archäologie, Medizin, Biologie, Metallographie, metallerzeugende und -verarbeitende Industrie. Die Ausrüstung des modernsten Laser-Mikrospektralanalysators mit gütegeschaltetem Laser durch Q-switsch-Zusatz läßt die Erweiterung des universellen Einsatzgebietes zu, es ist die vielfältige Beeinflussungsmöglichkeit unterschiedlicher Festkörpermaterialien zwecks optimaler Gestaltung von Stoffanalysenparametern möglich geworden, des weiteren die Mikro-Spektralanalyse von Gläsern und transparenten Kristallen, verbesserte Reproduzierbarkeit bei der Analyse transparenter Proben und die Erzeugung variabler Kratertiefe durch die Spikeszahl des Lasers [32].

Unter die physikalisch-optischen und analytisch-physikalischen Meßgeräte fallen auch die bekannten Refraktometer, Sphärometer, Fokometer, Interferometer, Schlierengeräte, Kolorimeter, Trübungsmesser und Photometer, die laufend dem modernsten Stand angepaßt und weiterentwickelt werden [33, 34]. Davon legen z. B. das MACH-ZEHNDER-Interferometer, das TOEPLERsche Schlierengerät und in letzter Zeit das automatische Prozeßkontrollrefraktometer Zeugnis ab, insonderheit jedoch auch das neuentwickelte automatische Polarimeter, das für polarimetrische Winkelmessungen auf lichtelektrischer Basis geeignet ist und vorzugsweise in der Zuckerindustrie Anwendung findet [35]. In die Gruppe der analytisch-physikalischen Geräte muß auch das Massenspektrometer eingeordnet werden. Die Massenspektrometrie erweitert ihren Anwendungsbereich ebenfalls im steigenden Maße, insbesondere zur Strukturaufklärung. Vom ASTONschen Massenspektrographen aus ist man zu modernen doppelfokussierenden Massenspektrometern, die als hochauflösend zu bezeichnen sind, übergegangen [36], so daß nicht nur Grundlagenforschung wie früher möglich ist, sondern auch quantitative und qualitative Analyse von Stoffgemischen, Aufklärung von Molekülstrukturen, Bestimmung von Isotopenhäufigkeiten, Partialdruckmessungen, Dichtigkeitsprüfungen an Vakuumsystemen u. a. mehr.

Als eines der immer noch zukunftsträchtigsten Gebiete des WGB darf das der Lichtmikroskopie bezeichnet werden mit der Tendenz zu einer Mikroskopie aller Wellenlängen [8, 37—47]. Einen wichtigen Platz nimmt die UV-Mikroskopie ein, die sich seit den grundlegenden Arbeiten von A. KÖHLER immer mehr zu einer quantitativen Mikroskopiertechnik entwickelt hat. Entsprechende Arbeitsmethoden werden neuerdings auch im UR-Gebiet angewandt. Beispielsweise sind die ursprünglich für Makroobjekte entwickelten UR-Spektrographen durch mikroskopische Zusatzeinrichtungen ergänzt worden. Allgemein versucht man, die quantitative Ermittlung physikalisch-optischer Meßgrößen an mikroskopischen Objekten weitgehend zu ermöglichen, wie beispielsweise die Mikroskope beweisen, mit denen spektralanalytische und polarisationsoptische Untersuchungen durchzuführen sind, sowie auch Messungen des Reflexionsvermögens. Als Kontrastierungsverfahren für die Mikroskopie wächst zunehmend die Bedeutung des Phasenkontrastverfahrens sowohl im Auflicht als im Durchlicht neben dem Verfahren des Interferenzkontrastes. Die Fluoreszenzmikroskopie wird neuerdings in Kombination mit anderen Mikroskopierverfahren eingesetzt, so beispielsweise in Verbindung mit dem Phasenkontrast (vgl. [5]). Es wird heute als selbstverständlich angesehen, daß für die Mikroskope moderne Registriereinrichtungen, etwa in Form von mikrophotographischen oder kinematographischen Einrichtungen, zur Verfügung stehen [48], wozu auch solche Einrichtungen zu zählen sind, die die Durchführung einer Fernsehmikroskopie ermöglichen [49]. An Bedeutung gewinnt in diesem Zusammenhang die Ausrüstung von Mikroskopen mit Bildwandlern [50] sowie mit Gerätekomplexen, die das mikroskopische Zählen, Messen und Vergleichen gestatten, aber auch die Stereomikroskopie. Dieser Geräte-Komplex darf als notwendige Voraussetzung besonders für diejenigen Industriezweige bezeichnet werden, die die Bearbeitung und Beurteilung von Mikroobjekten durchzuführen haben, etwa für die Halbleitertechnik, die Mikromodultechnik, die Molekularelektronik etc.

Die letztere angeführte Tatsache, sowie die Tatsache, daß sich die mikroskopischen Untersuchungsmethoden weiterhin spezialisieren werden, hat dazu geführt, die meisten der Mikroskope mit ihrem Zubehör in einer Typenreihe zu vereinigen. Ein Beispiel dafür ist die Typenreihe Mikroval des VEB Carl Zeiss, die Durchlichtmikroskope, Auflichtmikroskope und Spezialmikroskope umfaßt.

Es ist naheliegend, wenn über die Lichtmikroskopie gesprochen worden ist, an die Elektronenmikroskopie zu denken. Abbe hatte am Schluß seiner Arbeit über das Auflösungsvermögen des Lichtmikroskops einen zukunftsweisenden Gedanken ausgesprochen: „Nach allem, was im Gesichtskreis unserer heutigen Wissenschaft liegt, ist der Tragweite unserer Sehorgane durch die Natur des Lichtes selbst eine Grenze gesetzt, die mit dem Rüstzeug unserer dermaligen Naturerkenntnis nicht zu überschreiten ist. Es bleibt natürlich der Trost, daß zwischen Himmel und Erde noch so manches ist, von dem sich unser Unverstand nichts träumen läßt. Vielleicht, daß es in der Zukunft dem menschlichen Geist gelingt, sich noch Prozesse und Kräfte dienstbar zu machen, welche auf ganz anderen Wegen die Schranken überschreiten lassen, welche uns jetzt unübersteiglich erscheinen müssen. Nur glaube ich, daß diejenigen Werkzeuge, welche dereinst vielleicht unsere Sinne in der Erforschung der letzten Elemente der Körperwelt wirksamer als die heutigen Mikroskope unterstützen, mit diesem kaum mehr als den Namen gemeinsam haben werden.“

In der Tat hat es sich gezeigt, daß die im Bereiche der Lichtmikroskopie gefundenen Gesetzmäßigkeiten unter bestimmten Einschränkungen auch für die Elektronenmikroskopie gültig sind und daß damit die Grenzen unserer sinnlichen Wahrnehmung bis in die Sphäre der Moleküle und Atome gerückt sind. Als von besonderer Bedeutung ist naturgemäß für die Bildentstehung im Elektronenmikroskop die Wechselwirkung der Elektronen mit dem Objekt hervorzuheben. Daher sind in dieser Richtung starke wissenschaftliche Aktivitäten entwickelt worden [51], wodurch hervorzuhebende Erfolge erzielt werden konnten; beispielsweise konnte durch

Aufbringen einer dünnen Schicht von W-Atomen auf den Stoff, der die Erbanlagen trägt, auf die DNS[1]), durch Schattenbildung die Doppelspiralstruktur elektronenmikroskopisch nachgewiesen werden trotz der Hochempfindlichkeit der DNS für Elektronenstrahlen (California Institute of Technology). Herausgebildet haben sich die Durchstrahlungs-Elektronenmikroskope von 30 bis ~ 200 kV, die Hochspannungs-Elektronenmikroskope von 500 kV bis ~1,2 MV (Auflösungsvermögen 5 ÅE), die Emissions-Elektronenmikroskope (Auflösungsvermögen bis ~10 ÅE), die Rückstrahl-Elektronenmikroskope und die Raster-Elektronenmikroskope [52, 53]. Die neuentwickelten Kryo-Elektronenlinsen (bei der Temperatur des flüssigen He arbeitende magnetische Linsen) sind von besonderem Interesse für die Hochspannungs-Elektronenmikroskopie. Die Bedeutung der Emissions-Elektronenmikroskopie darf man hervorheben, weil damit die direkte Untersuchung massiver Objekte möglich ist und die direkte Beobachtung dynamischer Vorgänge, die auch auf Film registriert werden können. Selbstverständlich sind auch mit einem Raster-Sekundär-Elektronenmikroskop Festkörperoberflächen abbildbar [54].

Will man im Maschinenbau, im Stahlbau, im Fahrzeugbau, im Schiffbau, im Kraftmaschinenbau, in der Luftfahrtindustrie, in der polygraphischen Industrie, in der Silikattechnik, in der Kunststoff- und Papierindustrie, im Meßgeräte- und Motorenbau eine Steigerung der wirtschaftlichen Fertigung erzielen, so ist erste Voraussetzung die zweckmäßige Nutzung von Feinmeßgeräten, zu denen in erster Linie die Geräte der Längenmeßtechnik zählen [5, 8, 55]. Die Feinmeßtechnik ist die Grundlage für eine höhere Fertigungsgenauigkeit und eine erhöhte Arbeitsproduktivität und ermöglicht in sinnvoller Verkettung mit der Steuer- und Regeltechnik einschließlich der modernen Elektronik eine höhere Stufe der Automatisierung in der Industrie. Im Laufe der vergangenen Jahre hat sich eine Dreiteilung in mechanische, optische und elektrische Meßmethoden entwickelt, die in einem gegenseitigen Zusammenwirken die heutige industrielle Feinmessung bestimmen. Dadurch ergaben sich Vorteile wie geringste Abmessungen der Geräte, die mögliche Trennung von Meßstelle und Ablesung, minimale Meßkräfte, hohe Übersetzung und die Steuerung von Maschinen. Der Einsatz moderner mechanisch-optisch-elektronischer Meßmethoden in Verbindung mit Steuergliedern (Positionier- und Steuereinheiten) stellen die vorteilhaftesten Lösungen dar, insbesondere für Werkzeugmaschinen. Um den Trend der Entwicklung aufzuzeigen, seien einige Stichwörter gegeben: Es wurden in den letzten Jahren entwickelt

[1]) DNS – Dioxyribonukleinsäure

- Laser-Wegmeßsysteme
- Maßverkörperungen für Längen und Winkel
- Weg- und Winkelmeßsysteme für digitale Koordinatenmessungen in numerisch gesteuerten Werkzeugmaschinen, Meßmaschinen, Zeichentischen u. a. Maschinen
- Koordinatenmeßgeräte
- Form- und Gestaltmeßgeräte für Rauheitsmessungen, zur Messung von Führungsebenheiten und zur Rundheitsmessung
- Zahnradmeßgeräte
- Meßprojektoren.

Der besonderen Bedeutung wegen muß auch der Komplex Vermessungs- und Bildmeßgeräte Erwähnung finden; denn die Geodäsie bildet die Grundlage zur Bestimmung der Größe und Gestalt der Erdfigur und anderer kosmischer Objekte. Die Umweltforschung verlangt genaue Kenntnis der Lage und Höhe von Punkten der Erdoberfläche, um wirtschaftliche Weiterentwicklung und gesellschaftlichen Fortschritt mit zu bestimmen. Messungs- und Kartenunterlagen sind Voraussetzungen für Planung und Projektierung. Beispiele, die die Bedeutung der Vermessungstechnik deutlich machen, sind Überwachung von Erdkrustenbewegungen, Präzisionsmessungen bei der Errichtung von Atomanlagen, ingenieurtechnische Spezialmessungen beim Bau und der Überwachung von Hochbauten, wie etwa Talsperren, Projektierung von Verkehrsnetzen (Autobahnen, Straßen, Eisenbahnen, Kanälen), Schaffen von landeseinheitlichen topographischen Kartenunterlagen u. a. Objekten [5, 8].

Im Bereich der geodätischen Geräte bleiben nach wie vor die klassischen Geräte, allerdings in verbesserter Form, also die verschiedenen Typen verschiedener Genauigkeitsstufung von Theodoliten, Tachymetern, Nivellieren und Topometern im Blickpunkt [5, 8, 56, 57]. Als moderne Richtung muß man die Anwendung der Lasertechnik in der elektrooptischen Streckenmessung ansehen, weil dadurch eine charakteristische Vergrößerung der Reichweite und eine Annäherung der Tagesreichweiten an die Nachtreichweiten erzielt wird. Eine weitreichende Wirkungssphäre hat der moderne photogrammetrische Gerätebau, denn anschließend an die Vermessungsgeräte reicht ihr Einsatz bis in die extraterrestrische Präzisionsvermessung. Es sei auf einige charakteristische modernste Geräte des VEB Carl Zeiss verwiesen. Bekannt ist das Luftbildaufnahmegerät der sogenannten MRB-Reihe (Meßreihenbildner) im Flugzeug, weiterhin das Präzisionskartiergerät Stereometrograph mit Zeichentisch und elektronischer Registrieranlage und das Stereokartiergerät Topocart mit Differentialentzerrungsgerät Ortophot als aerophotogrammetrische Auswerteausrüstungen. An terrestrisch-photogrammetrischen Geräten dürfte die Stereomeßkammer SMK interessieren, einsetzbar für Meßaufnahmen im Nahbereich, und schließlich das Stecometer, ein Stereokomparator, der die Messung und automatische Registrierung der Bildkoordinaten vorgegebener Objektpunkte gestattet [5, 58]. Es darf sicher als interessant genug eingeschätzt werden, die Vielfachnutzung gerade der Vermessungs- und photogrammetrischen Geräte als vorbildliches Beispiel besonders hervorzuheben. Wie bereits angedeutet, erfüllt die Luftbildinterpretation bedeutende volkswirtschaftliche Aufgaben. In der Forstwirtschaft werden Luftbilder bei der praktischen Waldtaxationsarbeit, im Forstschutz, bei den Fragen der Walddüngung und bei der digitalen Erfassung des Waldzustandes benutzt, in der Landwirtschaft zur Entscheidung für komplexe flur- und bodenmeliorative Maßnahmen, d. h. allgemein zur Durchführung landschaftsräumlicher Analyse und Vegetationsinterpretation [59].

Ökonomisch vorteilhaft wird der Vermessungs- und photogrammetrische Gerätepark im Straßen- und Gebäudebau genutzt, etwa für Geländemodelle im Straßenbau, für Tunnelbauten, für Schieflagemessungen an hohen Bauwerken, für Fassadenaufnahmen, zur Vermessung in Werkhallen, zu Bauwerksüberprüfungen im Aufbau, zur Brückenvermessung etc. [60], aber auch im Schiffbau (z. B. für Fahrversuche von Schiffsmodellen), für den Straßenverkehr (etwa Untersuchung des Verkehrsflusses oder der Fahrtüchtigkeit von Fahrzeugen oder Tatbestandsaufnahme von Verkehrsunfällen), für die Meteorologie zu Strömungsuntersuchungen in der unteren Atmosphäre, für den Bergbau, etwa bei Bohrlochsprengungen oder Bodenrutschungen [61], in der Industrie zu Verformungs- und Bewegungsmessungen im Nahbereich (als Beispiel Plastbauteile) [62], in der Wasserwirtschaft zur Bestimmung der Strömungsgeschwindigkeit von Gewässern, in der Denkmalpflege, Architektur und Archäologie [63] und nicht zuletzt in der Medizin zur Beurteilung von Körperflächen [64]. Dabei ist das interessanteste zukunftsträchtige Gebiet, nämlich die Satellitengeodäsie noch nicht erwähnt worden. Bisher wurde sie genutzt zur Bestimmung des Schwerefeldes der Erde, um daraus Größe und Gestalt der Erde abzuleiten. Für die Satellitengeodäsie, wie es VÄISÄLÄ und OTERMA [65] formulierten, bleibt als Ziel „über Kontinente und Meere hinweg eine weltumfassende Triangulation zu spannen“, um „ein in sich kontrolliertes Weltsystem, in das alle vorhandenen und künftigen Landessysteme eingeordnet werden können“, zu schaffen.

Diese letztere Betrachtung führt zwangsläufig zum Komplex der astronomischen Geräte. Die Allgemeinheit interessiert naturgemäß sehr stark ein modernes Gerät, das als Raumflugplanetarium, Spacemaster, bezeichnet wird, das allerdings nur im übertragenen Sinne als „astronomisches Gerät“ zu bezeichnen wäre. Dieses Gerät gestattet es, Darstellungsmöglichkeiten aus der Sicht der Raumfahrt wiederzugeben. Es lassen sich die natürlichen Himmelserscheinungen und die scheinbaren Bewegungen der Himmelskörper unter Beobachtungsbedingungen betrachten, wie sie durch die Raumfahrt möglich geworden sind, z. B. Flüge um die Erde oder der naturgetreue Anblick des Himmels vom Monde aus. Das Raumflugplanetarium ist mit automatischer Programmsteuerung ausgerüstet [66]. Im Vordergrund der wirklichen astronomischen Interessen steht naturgemäß die Ausrüstung von Observatorien mit optischen und radioastronomischen Geräten, also ein Großmaschinen-Präzisions-Gerätebau, wobei auch „nicht erdgebundene“ Observatorien in den Kreis der Betrachtungen einbezogen sind, da die Erdatmosphäre den erfaßbaren Spektralbereich einengt und durch die unvermeidliche Turbulenz das Auflösungsvermögen begrenzt. Von den modernen astronomischen Geräten wird verlangt, daß sie erhöhte Information und erhöhten Wirkungsgrad aufweisen, wodurch Forderungen nach Optiken immer größerer Dimensionen und Abbildungsqualität entstehen sowie nach Lichtempfängern und -meßwandlern immer höherer Quantenausbeuten und schließlich immer größeren Radioteleskopen. Als Beispiel möge hier die Schmidt-Variante des 2m-Universalspiegelteleskopes, das größte Schmidt-Spiegelteleskop, angeführt sein [5, 67]. Das Teleskop besitzt ein System von Zusatzgeräten (Spektrographen, Photometer, Analogrechen- und Steuersystem u. a.). Die in Tautenburg bei Jena mit dem 2m-Schmidt-Teleskop erzielten Resultate sind bemerkenswert, aufgenommen wurden der Quasar 3 C 273, kompakte Galaxien der Helligkeit 17. bis 18. Sterngröße (Durchmesser etwa 1/50 des Andromedanebels) und Galaxienhaufen. Bekanntlich sind kompakte Galaxien enorm verdichtete Sternsysteme, deren Oberflächenhelligkeiten das Hundertfache der normalen Galaxien betragen. Man kennt die kompakten Galaxien erst seit etwa zehn Jahren durch den Einsatz der brillanten Schärfe der Schmidt-Kameras.

Mag nunmehr ein Blick auf die Kernforschung geworfen werden! Aus Forderungen der Kernforschung in bezug auf konkrete Probleme dieses Gebietes resultiert beispielsweise ein Gerätekomplex, mit dem es möglich ist, Teilchenspuren meßbar zu machen. Im Vordergrund steht dabei die Blasenkammer, in der sich eine Flüssigkeit im überhitzten metastabilen Zustand befindet. Die eingeschossenen Teilchen erzeugen längs ihrer Bahn in der Flüssigkeit Ionen, die ihrerseits ihre kinetische Energie an die Flüssigkeit abgeben. Unter bestimmten Bedingungen kommt es zur Blasenbildung entlang der Teilchenbahn, so daß die Teilchenspur in geeigneter

Beleuchtung sichtbar gemacht werden kann. Das Ausmessen der Teilchenbahnen erfordert zusätzlich die Anwendung photogrammetrischer Geräte [15]. Die Beschreibung des Geräteumfanges für Kerntechnik und Kernphysik und die der Nutzung kernphysikalischer Erkenntnisse hat ein Maß erreicht, das man nur bei Durchsicht der modernen Literatur abschätzen kann [68—71] (z. B. Nachweisgeräte für energiereiche Strahlung, Teilchenbeschleuniger, Reaktoren, Isotopentrenner usw.). Besonders hingewiesen sei in diesem Zusammenhange auf die Bedeutung der Nuklearmedizin [72]. Neuerdings werden Maschinen zur Erzeugung von Neutronen gebaut, die in der Krebstherapie eingesetzt werden. Zu gleichen Zwecken nutzt man auch das Transuranisotop ^{252}Cf als Neutronenquelle, wobei das Cf in einer Metallkapsel direkt in die Krebsgeschwulst implantiert wird.

Letzterer Hinweis führt zur Bemerkung, daß auch allgemein für die Medizin ein spezifischer Gerätekomplex eine immer mehr steigende Bedeutung hat. Elektrophorese-Geräte, Extinktions-Registriergeräte, Röntgenschirmbildkameras, Operationsmikroskope sind in der praktischen Medizin bekannte Begriffe geworden [73]. Eine besondere Rolle spielen die optischen Geräte in der Ophthalmologie [74], wobei auf die Lösung noch vieler Probleme, die nur durch Kombination technischer, biologischer und psychologischer Optik konzipiert werden können, hingewiesen werden muß. Im Vordergrund steht der Lichtkoagulator, mit dem mit hoher Lichtintensität im Augeninnern therapeutisch Wirkungen (Verbindung von Gewebsteilen, Zerstörung krankhaften Gewebes, Verlagerung von Gewebspartien, Verschluß von Blutgefäßen) erzielt werden können [75]. Ultraschallmethoden sind in der Diagnostik üblich, weil die Ultraschalluntersuchung für die Patienten ungefährlich ist und beliebig oft wiederholt werden kann, es tritt keine Strahlenbelastung auf. Diese Fakten werden verständlich, wenn man die nachfolgenden Betrachtungen über die technischen Ultraschallanwendungen einschließt.

Im Vordergrund der Ultraschallgerätetechnik steht der Gedanke, eine zweckmäßige Materialprüfung zu schaffen [76]. Es sind drei Ultraschall-Prüfverfahren zu unterscheiden, das Impuls-Echo-Verfahren (Arbeit im Impulsbetrieb durch schubweise Einstrahlung der Ultraschallenergie), das Durchschallungsverfahren (Absolutmessung mittels zweier Meßköpfe möglich) und das Resonanzverfahren (auf Wandstelle aufgesetzter Quarzschallgeber regt zu Dickenschwingungen an). Ultraschall-Material-Messungen gewinnen laufend an Bedeutung [77]. Eines der interessantesten Ultraschallgeräte ist das sogenannte „Ultraschallsichtgerät", das sichtbare Ultraschallbilder wiederzugeben vermag. Das Gerät besteht aus Schallinse, Mattscheibe und lichtoptischer Schlierenanordnung, also Ultraschallstrahlengang und Lichtstrahlengang.

Der Abschnitt 3, Gebiete des WGB und deren Bedeutung, soll abgeschlossen werden mit einer kurzen Betrachtung über die Bedeutung der photographischen Methoden und dem Hinweis auf photographische Geräte. Überblickt man die wenigen ausgewählten Beispiele aus dem WGB, so muß man erkennen, daß in vielen Fällen die Photographie als Nachweis-, Meß- oder Abbildungsverfahren benutzt wird. Dem photographischen Verfahren und den photographischen Geräten gilt daher ebenfalls größte Aufmerksamkeit [78]. Es ist beispielsweise bekannt, daß im CERN, einer europäischen Organisation für Kernforschung, an einer großen Wasserstoff-Blasenkammer des Protonensynchrotrons jährlich ~2 Millionen photographische Aufnahmen von Elementarteilchen-Spuren gemacht werden. Auch auf astronomischem Gebiet wird man mit ausnehmend hohen Zahlen für photographische Aufnahmen konfrontiert. Obwohl es elektronische Methoden der Bildspeicherung gibt, zeigt im Forschungsbereich die Entwicklung der Photographie und Kinematographie wachsende Tendenz, wie viele Beispiele erkennen lassen (Raumflug, Wettersatelliten, medizinische Forschung) [79]. Zur Verfilmung von Informationen jeder Art, zur Zeichnungsverfilmung, zur Belegverfilmung werden Mikrofilmaufnahmekameras in großer Stückzahl gebraucht [80], eine Mikroskopie der Zeit kann man die High-Speed-Photographie mit ihren Sondergeräten nennen [81], und schließlich müssen die Röntgenkameras ebenfalls Erwähnung finden. Es ist leicht verständlich, daß es in besonderen Fällen Aufnahmeschwierigkeiten gibt, so etwa in der Photogrammetrie, in der das Luftbild als Speicher für Informationen dient. Die Auswertung der Luftbilder stößt gelegentlich infolge unterschiedlichen Reflexionsvermögens der aufgenommenen Geländedetails oder durch ungleichmäßige Ausleuchtung der Erdoberfläche bei niedrigem Sonnenstand oder durch die Beschaffenheit der Atmosphäre, die große Schwärzungsunterschiede bedingen können, auf Schwierigkeiten. Um einen Kontrastausgleich durchführen zu können, sind elektronische Kopiergeräte konstruiert worden, die es gestatten, nach Schwärzung im Negativ die Belichtung so zu steuern, daß der gesamte Schwärzungsumfang der Kopie niedrig gehalten wird. Bilddetails im Bereich hoher und geringer Schwärzung sind damit ebenfalls gut erkenntlich zu machen [82]. Es muß nicht besonders betont werden, daß ein elektronisches Kopiergerät nicht nur für die Anwendung in der Luftbildaufnahme interessant ist.

4. Automatisierung und Datenverarbeitung aus der Sicht des WGB

Eine Datenverarbeitung wird immer dann notwendig, wenn aus einer Aufgabe im Verlauf des Lösungsprozesses Daten anfallen, die für die Lösung der Aufgabe bestimmend sind und gegebenenfalls über logische Zusammenhänge miteinander zu einer kennzeichnenden Form der Aussage verknüpft werden müssen. Die Daten sind als manipulierungsfähige Elemente zur Quantifizierung von Aussagen zu verstehen und dienen der quantitativen Mengenbestimmung, weiterhin als dimensionsbehaftete Größen der Maßbestimmung im Sinne des Messens, und sind als zweiwertige logische Alternativaussagen Charakteristika von Entscheidungen, die durch Verknüpfungen Entscheidungen einer höheren Ordnung aufbauen. Bei allen organisiert ablaufenden Prozessen ist die Gewinnung und Verarbeitung von Daten eine Grundvoraussetzung für das Funktionieren des zum Prozeß gehörigen Funktionssystems. Diese Aussage ist gültig für den vom Menschen gesteuerten Prozeß, jedoch in noch höherem Maße für den automatisierten Prozeß. An erster Stelle steht also die Erfassung der Daten, eine Aufgabe, wie bereits zum Ausdruck gebracht, des Wissenschaftlichen Gerätebaus.

Seitdem gemessen wird, gibt es bereits eine Verarbeitung der gewonnenen Meßdaten und eine Auswertung der Ergebnisse [83] und zwar mit den notwendigen und bestimmenden Stufen: Datengewinnung, Datenerfassung, Datenverarbeitung, einschließlich „Programmierung" und Auswertung. Als entscheidend ergibt sich, daß die Datenverarbeitung, die sich historisch entwickelt hat, gegenwärtig einen Stand aufweist, der für die vollständige Automatisierung von Prozessen notwendig ist. Sie kann den Menschen in beliebig allgorithmisierbaren Entscheidungsprozessen ersetzen. Als Konsequenz der Erkenntnisse wird die vollständige Lösung der Aufgabe verlangt, eine Integration zwischen technischen und wissenschaftlichen Disziplinen und der Datenverarbeitung bis zur Vollendung zu schaffen.

Nochmals zurück zum ersten Schritt, der Datenerfassung! Wenn auch die Datenerfassung als ein Teil der Datenflußkette nicht direkt der Datenverarbeitung zuzuordnen ist, so ergeben sich doch aus dem vorgesehenen Verarbeitungsweg für diese Daten Rückwirkungen auf den zweckmäßigen Gewinnungsmechanismus. Man denke hierbei beispielsweise an die mikroskopische Ablesung von Maßstäben, die subjektiv oder auch objektiv erfolgen kann, je nachdem, auf welchem Wege eine weitere Verarbeitung der Meßdaten vorgesehen ist. Im allgemeinen beinhaltet die Datenerfassung eine Datenspeicherung und gegebenenfalls eine Datenverdichtung für den nachfolgenden Verarbeitungsprozeß. Aus dem Teilsystem Datengewinnung —

Datenerfassung leiten sich wichtige Aufgaben für eine Vereinheitlichung der Signalpegel und der Anschlußbedingungen her.

Der nächste Schritt besteht in der Verarbeitung der erfaßten Daten nach Formalismen bzw. Algorithmen. Er betrifft die eigentliche Zentraleinheit und die Programme für den Verarbeitungsprozeß. Dabei ist die Frage zu beantworten, in welchem Umfange jeweils zentralen Großrechenanlagen oder spezialisierten Kleinrechnern der Vorzug zu geben ist.

Der dritte Schritt besteht in dem, was unter Ergebnisdarbietung, Ergebnisanalyse und Entscheidung verstanden wird. In diesem Schritt prägt sich der Grad des durch die Datenverarbeitung angestrebten Fortschritts aus. Vom Standpunkt der Automatisierungstechnik muß zunehmend auf kybernetische Systeme orientiert werden, mit deren Perfektion erst die angestrebte Herauslösung des Menschen aus dem Prozeß als funktionsnotwendiger Bestandteil zu vollziehen ist. Im Blickwinkel steht hierbei die automatische Prozeßleitung nach vorgegebenen Entscheidungskriterien. Ein automatisch ablaufender Prozeß, mehr noch aber eine Vielzahl rationeller Prozesse, die optimal ablaufen sollen und in ihrem Gesamtaufwand ökonomisch sein müssen, erfordern die Abstimmung ihrer Funktionselemente innerhalb des einzelnen Prozesses, aber auch untereinander mit einem Höchstmaß an Kompatibilität. Diese Betrachtung führt zum Begriff des Systems und des Systemdenkens. Die Automatisierung ist auf ganze Systeme und komplexe Prozesse gerichtet [84—87].

Vom Standpunkt der Kontinuität des Informations-, Energie- und Stoffflusses können zwei Arten von Prozessen unterschieden werden: kontinuierliche und diskontinuierliche. Die ersteren sind durch ununterbrochene Informations-, Energie- und Stoff-Flüsse gekennzeichnet. Ihre Ausgangs- und Eingangsgrößen sind durch stetige Funktionen verknüpft. Die diskontinuierlichen Prozesse hingegen sind durch unterbrochene Informations-, Energie- und Stoff-Flüsse gekennzeichnet. Ihre Eingangs- und Ausgangsgrößen sind im Zeit-Ort-Raum für definierte Zeitintervalle und Orte durch unstetige bzw. diskrete Funktionen verknüpft. Kontinuierliche Prozesse können Bestandteil diskontinuierlicher Prozesse sein [88]. In Abhängigkeit von der Art der Gewinnung von Informationen über einen Prozeß, ihrer Verarbeitung und Rückwirkung auf ihn wird in der Meß- und Regeltechnik ebenfalls der Begriff „diskontinuierlicher Prozeß“ benutzt [88, 89].

Im Zusammenhang des Dargestellten bedarf es sicher keines weiteren Beweises, daß die digitale Meßtechnik immer mehr an Bedeutung gewinnt. Es lohnt sich daher, Anstrengungen zu unternehmen, um möglichst schon in der Meßeinrichtung digitalisierte Meßwerte zu gewinnen. Es zeichnet sich in der Tat die Tendenz ab, daß der digitale Rechner zunehmend integrierter

Bestandteil von Meßgeräten wird und äußerlich nicht als Rechner in Erscheinung tritt [88, 90, 91]. Im Zusammenhang mit der Prozeßautomation spielen naturgemäß Geräte zur Steuerung und Regelung eine wichtige Rolle (z. B. Mechanische Regler, Meßwerkregler, schaltende Regler, kontinuierliche Regler, photoelektrische Steuerung, pneumatische Steuerung etc.) [92].

In den fünfziger Jahren war die Automatisierung von Geräten mit hohem Automatisierungsgrad bereits weit fortgeschritten. Ein Überblick ergab, daß zu den gut automatisierten Geräten z. B. die Ultrarotspektralphotometer, die Ultrazentrifugen, Zeitraffer, Flächengewichtsmeßgeräte und Kernspurmeßmikroskope zu zählen waren [93]. Dazu kamen Belichtungsautomatiken für Luftbildaufnahmekammern und Kameramikroskope sowie für Nivelliergeräte und Theodolite, die mit einer Kamera ausgerüstet sind. Inzwischen wurde die manuelle Handhabung der Großgeräte für Refraktometrie, Interferometrie, Polarimetrie, Photometrie und Spektroskopie [94], durch eine automatisch ablaufende Arbeitsweise ersetzt und die automatische Aufzeichnung der Meßdaten mindestens in Form eines Registrierdiagrammes eingeführt. In letzterem Falle macht sich eine Auswertung der Registrierdiagramme notwendig, und die Wahl, ob diese Datenverarbeitung mit den Mitteln der Analog- oder Digitaltechnik durchzuführen sind, hängt von der geforderten Genauigkeit ab [95]. Wird der Auswerteprozeß unabhängig vom Meßvorgang in einem separaten Auswertegerät durchgeführt, so ist ein „Registrierstreifenleser" notwendig, der die Eingangsinformation für den Datenverarbeitungsprozeß liefert. Bei Kombination von Meßgerät und Auswertegerät ergibt sich ein „direkt" arbeitendes Meßgerät, wobei die Datenverarbeitung schritthaltend mit dem Meßprozeß erfolgen muß [96]. Letztere Geräte können unmittelbar in einen Arbeitsprozeß eingeschaltet und die vom Gerät ausgelieferten Daten etwa in Form analoger Signale zur operativen Einwirkung auf den Prozeß verwendet werden. Für die Realisierung der Probleme sind zahlreiche Baugruppen nötig, wie etwa Ziffernanzeigeelemente, Zählwerke mit Nullung, Vorwahl und Anschlüssen für Datenverarbeitung, Analog-Digitalconverter für Wellen- bzw. Spannungseingang, Dekodiereinrichtungen mit Signalabgabe, digitale und analoge Registriereinrichtungen, digitale und analoge Integratoren, Funktionspotentiometer, elektronische logische Schaltglieder und Speicher für digitale und analoge Informationen.

Um den Trend der Automatisierung aus der Sicht des WGB zu verdeutlichen, sei noch auf einige Beispiele und deren Anwendung verwiesen. In der chemischen Industrie werden die Verarbeitungsanlagen immer komplizierter und kostspieliger, höchster Wirkungsgrad des Durchsatzes als auch vollste Ausnutzung des Rohmaterials ist Bedingung. Die bisherige Methode, den Prozeßablauf nach sekundären Variablen wie Temperatur und Druck zu beurteilen, genügt den modernen Anforderungen nicht mehr. Man muß zu den Prozeßanalysenmeßgeräten greifen. Diese Feststellung bezieht sich auch auf die Laboratoriumstechnik [97]. Konkrete Beispiele sind das Prozeßrefraktometer REMAT und der Röntgenmeßfühler Mansfeld mit Zeiss-Spektrometer (auf röntgenfluoreszenzspektroskopischem Arbeitsprinzip beruhend) [7, 98]. Beide Geräte arbeiten kontinuierlich und vollautomatisch und lassen eine automatische Regelung des Produktionsprozesses zu. Das REMAT findet Anwendung in der chemischen Industrie für Flüssigkeitskontrollen bei Fraktionierungsprozessen in der Erdöl- und Kohleverarbeitung, bei Syntheseprozessen in der Kunststoffindustrie, bei Spinn- und Reinigungsprozessen in der Kunstfaserchemie, bei Destillationsprozessen, sowie zur Kontrolle der Reinheit von Zwischen- und Endprodukten in der Lebensmittelindustrie und in der pharmazeutischen Industrie, ist aber auch zum universellen Laboreinsatz geeignet. Entsprechende Einsatzmöglichkeiten haben sich für den Röntgenmeßfühler ergeben (z. B. in Ionenaustauscheranlagen, in Flüssig-Flüssig-Extraktionsanlagen, in Flotationsanlagen, in elektrolytischen Raffinationsanlagen, bei der Zementherstellung, in Verdampferanlagen, bei Laugungsvorgängen, in der Petrolchemie und bei der Abwasserkontrolle.

Als weiteres Beispiel sei die Verknüpfung der Längenmeßtechnik (in Verbindung mit der Präzisionsmechanik) und der Datenverarbeitung angeführt [99]. Der Schwerpunkt der Nutzung liegt zweifellos in der Fertigungstechnik. Der Trend geht in der Richtung, die bisher noch am meisten angewandten passiven Meßverfahren, den fertigungstechnischen Entwicklungstendenzen folgend, in ihrer Produktivität zu steigern und sie zu aktiven Meßverfahren, die selbst Bestandteil automatisierter Fertigungsprozesse in Verbindung mit entsprechenden Regeleinrichtungen und Datenverarbeitungsaggregaten sind, zu entwickeln. Eine Hauptentwicklungsrichtung zielt auf numerisch gesteuerte Werkzeugmaschinen hin [100].

Interessante Anwendungen sind beispielsweise auch in der Kernkrafttechnik, in der Kernforschung, in der Röntgendiagnostik u. a. zu verzeichnen [101].

5. Gerätesysteme

Die bisherigen Betrachtungen über die Bedeutung des WGB insbesondere für die Industrie weisen folgerichtig darauf hin, daß eine Forderung industrieller Zweige an den Gerätebau gestellt wird, nämlich die, ganze

Gerätesysteme zur Lösung ihrer Aufgaben zur Verfügung zu haben. Als eines der ersten Beispiele eines Gerätesystems darf man ein für den Flugzeugbau vorgeschlagenes Gerätesystem ansehen [8, 102], das die folgenden Geräte vorschlägt:

— einen Phototheodolit zur Prüfung der Flugeigenschaften eines neuen Typs beim Start und bei der Landung, zur Gewinnung genauer Daten über Start- und Landestrecke, über Steig- und Landewinkel, über Abhebe- und Aufsetzpunkt, über Geschwindigkeit, Beschleunigung und Flugbahn
— einen Stereoautograph zur Auswertung obiger Daten
— ein Schlierenaufnahmegerät zur Bestimmung der Strömungsverhältnisse
— ein MACH-ZEHNDER-Interferometer zur Bestimmung von Strömungsgeschwindigkeiten
— ein Ultrarotspektralphotometer zur Untersuchung der Treibstoffe
— einen UV-Spektrographen mit Schnellphotometer sowie einen Dreiprismenspektrographen zur Bestimmung der Zusammensetzung der Werkstoffe
— mikroskopische Geräte für metallkundliche Untersuchungen
— Feinmeßgeräte zur Oberflächenprüfung, zur Überwachung der Flugzeugmontage, zur Richt- und Fluchtungsprüfung.

Dieses angeführte Gerätesystem ist keineswegs komplett, aber es weist darauf hin, daß der Gerätebauer dem Flugzeugbauer gerätetechnische Unterstützung in hohem Maße zuteil werden lassen muß, weil die sich mehr und mehr entwickelnde extraterrestrische Forschung völlig neuartige und notwendigerweise zu lösende Probleme bietet.

In diesem Gerätesystem handelt es sich zunächst noch um die Aneinanderreihung vorhandener Geräte aus verschiedenen Erzeugnisgruppen; trotzdem zeigt sich sehr deutlich die Aufgabe, die dem WGB zufällt, wenn sich die Verbindung des WGB mit dem industriellen Partner verstärkt.

Der Gedanke, Gerätesysteme zur Verfügung zu stellen, führte bisher zu folgenden Angeboten

— Gerätesystem für Forschung und Betriebskontrolle in der metallurgischen Industrie
— Gerätesystem für Stoff- und Strukturanalyse im Bereich der Agrarwissenschaften
— Gerätesystem für Feinmeßtechnik
— Gerätesystem Industrie-Photogrammetrie.

Als ein besonders interessantes Gerätesystem ist das anzusehen, das zur technologischen Nutzung in der Mikroelektronik Verwendung findet. Die

Entwicklung der Mikroelektronik steht unter dem Gesichtswinkel: hohe Zuverlässigkeit, hohe Arbeitsgeschwindigkeit, kleines Volumen und geringes Gewicht. Mit der Mikroelektronik sind eine Vielzahl von Begriffen gekoppelt, wie integrierte Halbleiterschaltungen, monolithische integrierte Schaltungen, Feldeffekttransistoren (FET), Dünnschichttransistoren (TFT), Metall-Oxyd-Oberflächentransistoren (MOS), Mehrlagenschaltung etc. [103]. Eine starke Verknüpfung bei der Herstellung mikroelektronischer Bausteine mit der Gerätetechnik ist verständlich [104]. Daraus resultiert ein Gerätesystem Mikroelektronik, zu dem Geräte des Typs

— Oberflächen-Meßgerät (Rauh-Tester)
— Forschungsmikroskop zur Überprüfung der Masken
— Kontaktier-Gerät
— Vakuum-Gerät zur Schichtherstellung durch Aufdampfen oder Kathodenzerstäubung
— Koordinatograph zur Herstellung von Vorlagen
— Reproduktionseinrichtung zur Verkleinerung der Vorlagen
— Vervielfältigungsgerät zur Erzeugung von Mikrophotos
— Anlage für hochauflösende Abbildungen durch Kathodenstrahlröhre
— UR-Durchstrahlungsanlage zur Strukturbaufehleruntersuchung
— Testen (z. B. Elektromat Dresden)
— Photorepeater

zählen [105]. Das zuletzt genannte Gerät, der Photorepeater, darf als ein sehr hochwertiges Gerät bezeichnet werden. Mit dem automatischen Zeiss-Neunfach-Repeater beispielsweise können in einem Arbeitsgang gleichzeitig neun Photoschablonen hergestellt werden, wobei die Abbildung von Strukturen mit Strichbreiten von 1 µm bei großen Bildfeldern möglich ist. Die in einem Arbeitsprozeß erhaltenen Photoschablonen werden als Originalschablonen für den weiteren lithographischen Prozeß der Halbleiterfertigung eingesetzt. Die Präzision des automatischen Arbeitsablaufes ermöglicht die Herstellung zuverlässiger Schaltkreise. Es ist leicht einzusehen, daß die Miniaturisierung elektronischer Bauteile Grenzen hat. Erreicht wurde bisher die Herstellung von ~70000 Transistoren auf einem Si-Plättchen von ~25 mm Durchmesser [106].

6. Einige Forschungsgebiete des WGB

Die eingangs erwähnte Wechselwirkung zwischen der naturwissenschaftlichen Forschung, insbesondere der Physik, und dem WGB hat nur dann volle Wirksamkeit, wenn Forschung auch in der Industrie getrieben wird.

Im Falle der Forschung im industriellen, gerätetechnischen Bereich wird in erster Linie auf angewandte Forschung Wert gelegt. Man ist bestrebt, möglichst viele der neuen physikalischen Effekte für meßtechnische Zwecke auszunutzen, etwa den Gunn-Effekt [107] für Bauelemente und Oszillatoren, die Studien über dünne Schichten [108] für die Computer-Technik, Studien über Plasmaphysik [109] für die direkte Energieumwandlung mittels magnetohydrodynamischer Generatoren etc. Die Industrieforschung muß als eine notwendige Voraussetzung für den Fortschritt in Wissenschaft und Technik bezeichnet werden.

Eines der Gebiete, das in der Industrieforschung intensiv aufgegriffen worden ist, ist das der Laserphysik und die daraus resultierende Anwendungsforschung [110, 111, 112]. Der Konstruktion von Lasern wird große Aufmerksamkeit gewidmet, weil praktisch alle bisher bekannten Typen verbesserungsfähig sind und die Möglichkeit besteht, Laser mit noch kürzeren Wellenlängen herzustellen. Auch im Anwendungsbereich der Laser gibt es laufend neue Erkenntnisse, durch die bekannte Anwendungsgebiete vertieft bzw. neue Gebiete erschlossen werden können [113, 114], wobei zwei große Gruppen der Anwendungen unterscheidbar sind, die Gruppe, bei der hohe Frequenz, Monochromasie, Kohärenz und geringe Divergenz notwendig sind, und diejenige, bei der hohe Energiekonzentration benötigt wird. Zwei Gebiete physikalischer Forschung sind durch die Existenz der Laser intensiv beeinflußt worden, die nichtlineare Optik und die Holographie, beides Gebiete, die in außerordentlich starkem Maße bearbeitet werden. Die Anwendung der Holographie erstreckt sich auf Datenspeicherung, Halbleitertechnologie, dreidimensionale Sichtanzeigen, Interferogrammetrie, holographische Mikroskopie und weitere Gebiete [115, 116, 117]. Die nichtlineare Optik ist als eine außerordentlich zukunftsträchtige Fortsetzung im Anschluß an die klassische lineare Optik anzusehen und bietet Aspekte in ganze neue Forschungsrichtungen und Anwendungsbereiche [118, 119] (Zweiphotonen-Effekte, stimulierte Ramanstreuung). Selbstverständlich wird durch die nichtlineare Optik nicht bewirkt, daß das Forschungsinteresse an der klassischen Optik, auch der geometrischen, erlahmen könnte [120]. FRESNEL-Optik, Faseroptik, Plastoptik sind laufend mit großem Anwendungsnutzen bearbeitete Gebiete [121, 122].

Mit den Gebieten Laser und Optik ist das Gebiet der Strahlungsempfänger gekoppelt, also der Photo-Detektoren jeglicher Art [123, 124], Thermoelemente und Bolometer [125]. In neuerer Zeit werden die Strahlungsempfänger häufig in das Gebiet der Optoelektronik eingereiht. Als exakt ist die Einordnung zu bezeichnen, wenn der Empfänger körperlich gekoppelt ist mit einem Photoemitter [126]. Eine wachsende Rolle spielen auch die Bildwandler [127].

Eine besondere Bedeutung kommt für alle angeschnittenen Probleme naturgemäß den Ausgangsstoffen bzw. Werkstoffen zu, so daß die Werkstofforschung sehr stark im Vordergrund steht. Im vorliegenden Zusammenhange mögen Gläser, Kristalle, Halbleiter unter dem Begriff Werkstoffe mit verstanden sein. Die Suche nach immer reineren und genauer definierten Werkstoffen im Gerätebau und der Halbleitertechnik hat eine große Entwicklung der Kristallzüchtung und Kristallverarbeitung nach sich gezogen, die keineswegs abgeschlossen ist [128]. Ein breites Sortiment von Werkstoffen (Leiterwerkstoffe, Widerstandswerkstoffe, Kontaktwerkstoffe, hartmagnetische und weichmagnetische Werkstoffe, Magnetostriktionswerkstoffe, Sondermetalle, organische Werkstoffe, Kunststoffe etc.) wird laufend bereichert durch Halbleiterwerkstoffe (auch organische und amorphe), durch Flüssigkristalle, aber ebenfalls durch verbesserte und teilweise grundsätzliche Veränderung der „klassischen" Werkstoffe [129]. Auch das optische Glas ist laufend Untersuchungsgegenstand [130].

Als ein weiteres zukunftsträchtiges Forschungsgebiet des WGB muß man die Forschungen bei tiefen Temperaturen ansehen (Tieftemperatur-, Kryo-Physik) [131, 132, 133]. Die Anwendungsmöglichkeiten der Tieftemperaturphysik sind zahlreich

- zur Untersuchung der Eigenschaften von Festkörpern, die bei tiefen Temperaturen Veränderungen aufweisen (Wärmeleitfähigkeit, Lichtabsorption, Fluoreszenz, Restwiderstand), worauf Analysenmethoden aufbaufähig sind
- zur verlustlosen Speicherung und Übertragung elektrischer Energie
- für Kryopumpen (hohe Sauggeschwindigkeit)
- zur Trennung von Gasgemischen, Isotopentrennung
- zur Steigerung der Empfindlichkeit von Wärmemessungen (Bolometer bei tiefen Temperaturen)
- zur Herabsetzung des Eigenrauschens von Photo-Detektoren
- zur Nutzung der Tunnelprozesse für metrologische Zwecke
- für therapeutische Anwendung

und sind daher Gegenstand der Forschung [134].

Besonders lohnend für den WGB ist eine Anwendungs- bzw. Applikations-Forschung (im Gegensatz zur „angewandten Forschung"), zu der nur ein Beispiel gegeben werden soll. Die Anwendung der MÖSSBAUER-Spektroskopie ist mit den oben gegebenen Hinweisen noch lange nicht ausgeschöpft.

Nicht nur in der Chemie, sondern auch in der Biologie ergeben sich laufend neue Aspekte [135]. Sehr interessant ist es, festzustellen, daß eine Anwendungsforschung nicht nur den Nutzer auf bessere Verwendungsmöglichkeiten hinweist, sondern daß die Anwendungsforschung neue Aspekte für die „angewandte" Forschung liefert. In diesem Zusammenhange soll auf einige neue spektroskopische Richtungen hingewiesen werden, die vornehmlich in neuester Zeit Forschungsgegenstand in der Industrie geworden sind. Es sind dies

— die Sekundärelektronen-Spektroskopie [136]
— die AUGER-Elektronen-Spektroskopie [137] und
— die Photoelektronen-Spektroskopie [138] (von Siegbahn mit ESCA-Elektronenspektroskopie für chemische Analyse bezeichnet).

Diese Richtungen der Spektroskopie sind im wesentlichen zur Oberflächenanalyse, besonders von Festkörpern, geeignet und bilden im Verein mit den „klassischen" spektroskopischen Methoden ein spektroskopisches Untersuchungssystem. Nachdem sich die „klassische" Atom- und Kernspektroskopie weitgehend entwickelt hat, zeichnet sich, beginnend mit der Neutronenspektroskopie, die Spektroskopie der Elementarteilchen als neue Richtung ab, basierend auf der Tatsache, daß bei einem Zusammenstoß eines beschleunigten Strahlteilchens (z. B. Proton oder Elektron) mit einem Proton oder Neutron sekundäre Elementarteilchen (z. B. Mesonen oder Baryonen) erzeugt werden (eine Elementarteilchen-Spektroskopie). Des weiteren tritt die Rolle der „Quasiteilchen" (Phononen, Excitonen, Polaronen, Plasmonen) mehr und mehr in den Vordergrund, so daß auch an eine Phononen- und Excitonen-Spektroskopie zu denken ist.

An diesen Beispielen erkennt man, daß immer dann entscheidende Fortschritte im WGB zu erwarten sind, wenn neue physikalische Effekte aus Hauptgebieten der Forschung in das Blickfeld treten, um sie technisch-industriell nutzbar zu machen. Es seien noch einige Akzente gesetzt, um den erwähnten Fakt der Stimulierung des WGB zu verdeutlichen. Beispielsweise dürften neue Aspekte im Nachweis der zu bestimmenden bzw. zu messenden Strahlung durch Nutzung der Zwei- bzw. Mehrphotoneneffekte zu erwarten sein, mit besonderer Wirkung in Bildwandlern. Die Entwicklung einer besonderen Kernmikroskopie, beruhend auf der Bestimmung von Kerngrößen durch Elektronen, zeigt ebenso neue Richtungen auf wie etwa die Röntgen-Mikrosonde, mit der eine Analyse im Mikrobereich dadurch ermöglicht wird, daß ein fein fokussierter Elektronenstrahl zur Emission der charakteristischen Röntgenstrahlung benutzt wird. Kommen im gleichen Moment aus den Anwendungsbereichen des WGB noch zusätzliche

Forderungen an die Geräte, so kann man revolutionäre Fortschritte feststellen. Man denke hierbei an die Erfordernisse von Raumfluggeräten, etwa gekennzeichnet durch automatische Meßstationen und Energieversorgungsanlagen mit nuklearen Energiequellen.

7. Konstruktion und Technologie

Man kann aus den angestellten Betrachtungen zusammenfassend die entscheidende Aufgabe des WGB, deren vollständige komplexe Lösung gefordert wird und notwendig ist, formulieren: Es ist die Umsetzung der Konzeptionen und Modelle in die gesellschaftliche Praxis und ihre Optimierung durchzuführen, wozu die Erarbeitung von Proportionen der einzelnen Forschungsgebiete unter Berücksichtigung der komplexen prognostischen Aufgaben der informationsverarbeitenden Industriezweige, des Wissenschaftlichen Gerätebaus und der Datenverarbeitung gehört. Damit steht die Tatsache in Verbindung, daß die Anforderungen des gerätetechnischen Raumes höchste Anstrengungen in der Konstruktion und der Technologie des Gerätebaus verlangen. Herkömmliche Mittel und Methoden reichen dazu nicht mehr aus. Die Fertigungsgerechtheit der Konstruktion erfordert Standardisierung, Typisierung und Wiederholteilverwendung in stärkstem Maße, also Verringerung der Zahl der Glieder der Elementkette unter Berücksichtigung der Wahl optimal wirkender Einzelelemente wie Geräteteile und Baugruppen. Wenn, wie erwähnt, der Konstruktionsprozeß als Teil des Komplexes technische Produktionsvorbereitung von ausschlaggebender Bedeutung ist, so muß versucht werden, den Konstruktionsprozeß mit neuen Gedanken zu durchsetzen. Ein erster Anhaltspunkt dazu darf in der Konstruktionssystematik gesehen werden [139, 140], d. h. in der Beschreibung der Konstruktion als einheitliches Ganzes. Der nächste Schritt besteht in der Einführung der Datenverarbeitung mit dem Ziel, jede formalisierbare geistige Tätigkeit in der technischen Produktionsvorbereitung zu automatisieren, denn nur mit ihrer Hilfe ist es erstens möglich, die bei der Konstruktion, Projektierung und technologischen Fertigungsvorbereitung anfallenden und zu bewältigenden Informationsverarbeitungsprozesse zu beherrschen, und zweitens gestatten diese technischen Mittel in Verbindung mit numerisch gesteuerten Maschinen und anderen Einrichtungen, die Integration der Prozesse der technischen Produktionsvorbereitung, der Fertigungsprozesse und die Prozesse der Planung und Leitung der Produktion durchzuführen. Damit wird eine völlig neue Qualität der materiellen Produktion geschaffen [141].

Grundlage jeder Rationalisierung mittels EDVA ist das Vorhandensein exakter Regeln und Daten, auf deren Grundlage entsprechende Algorithmen und Programme ausgearbeitet werden können. Diese Regeln setzen voraus, daß der zu rationalisierende Prozeß wissenschaftlich durchdrungen und in Form von Theorien sowie mathematischer Methoden und Verfahren fixiert ist.

Einen starken Anteil bei der Produktionsvorbereitung hat auch die Verfahrensforschung. Es existiert heute kaum ein Gerät oder ein System, das keinen konkreten Anteil bzw. Beitrag aus dem Bereich der physikalischen, chemischen oder physikochemischen Verfahrensforschung besäße. Es seien einige Beispiele der Verfahrensforschung angeführt

- physikalische und physikochemische Forschung an Grenz- und Oberflächen einschließlich mechanischer Feinbearbeitung optischer Oberflächen
- physikalische und physikochemische Verfahrensforschung an dünnen Schichten
- Reproduktion von Präzisions-Mikrorastern, Mikroskalen sowie Anwendung photochemischer Prozesse
- Polarisations- und doppelbrechende Filter
- Plaste mit funktionsbestimmenden Eigenschaften
- Verbundprozesse optischer und nichtoptischer Oberflächen
- Grundfragen der Gleitung und Reibung
- Grundlagen für Veredelungsprozesse von Werkstoffen
- physikalische, chemische und technologische Werkstoffprüfung u. a. [142].

8. Hinweis auf Ausbildungsfragen

Die Ausführungen über den WGB legen nahe, den Ausbildungsfragen große Bedeutung beizumessen. Die wissenschaftliche Kapazität, die notwendig ist, um die Breite der für den wissenschaftlichen Gerätebau erforderlichen wissenschaftlichen Disziplinen zu umfassen, muß sehr umfangreich sein. Um beispielsweise ein Kernresonanzspektrometer zu entwickeln, werden speziell ausgebildete Physiker für die physikalischen Grundlagen des Gerätes, Hochfrequenz-Elektroniker für die Meßelektronik, Elektrotechniker und Maschinenkonstrukteure für die Berechnung und Konstruktion des Magneten, Regelungstechniker und Industrieelektroniker zum Aufbau der Regelkreise der Magnetfeldstabilisierung und Konstrukteure sowie speziell ausgebildete Technologen benötigt.

Die notwendige Vereinigung des gesamten Spezialwissens führt in der Gemeinschaftsarbeit der hochqualifizierten Vertreter der jeweiligen Wissensgebiete, die natürlich in der Lage sind, die Nachbargebiete zu überblicken, zu dem gewünschten Resultat, zum konzipierten Gerät. Das Vorhandensein des geschaffenen Gerätes an sich ist jedoch noch nicht ausreichend; denn das Ziel ist die weitgehende, möglichst multivalente Nutzung des Gerätes. Deshalb muß die Erforschung der Applikationsmöglichkeiten des Gerätes mit der gleichen wissenschaftlichen Gründlichkeit erfolgen wie seine Entwicklung, d. h. es werden Applikationsforscher benötigt. Man erkennt: Der Einsatz von Hoch- und Fachschulabsolventen ist durchgängig in allen Phasen des Reproduktionsprozesses notwendig

— in Forschung und Entwicklung
— in Konstruktion und Projektierung
— in der Technologie
— in der Lenkung und Leitung der Produktion
— in der Kontrolle und Abnahme und
— in der Applikationsforschung.

9. Schlußbemerkung

Den Abschnitten über existierende Geräte und Automatisierungsfragen ist breiterer Raum in vorstehender Betrachtung gegeben, um vor allem den momentanen Stand des WGB zu charakterisieren. In den Abschnitten über Gerätesysteme, Forschungsgebiete des WGB, Konstruktion und Technologie sowie über Ausbildungsfragen sind nur Akzente gesetzt, wobei nicht vergessen werden darf, daß dem Gewicht der Teilgebiete gleicher Umfang zustehen müßte.

In prognostischer Sicht wird das Wachstum des WGB proportional dem Gesamtwachstum aller naturwissenschaftlichen Forschungsgebiete gesetzt werden können. Vermutlich wird ein starkes Anwachsen unikaler Geräte im Hinblick auf die Erfordernisse der Kernforschung und der Weltraumforschung beobachtbar werden.

LITERATUR

[1] Vgl. P. GÖRLICH, Kepler-Vortrag (in Veröffentlichung).

[2] Vgl. z. B. L. OTTO, Mikroskopie **21** (1966) 306.

[3] Vgl. H. BOEGEHOLD, Z. ophthal. Opt. **31** (1943) 69; S. A. BEDINI, Appl. Optics **5** (1966) 687.

[4] Vgl. z. B. P. GÖRLICH, Feingerätetechn. **14** (1965) 193; L. OTTO, Wiss. Z. Humboldt-Universität Berlin, math. -nat. Reihe **17** (1968) 793.

[5] P. GÖRLICH, Feingerätetechn. **12** (1963) 484; **14** (1965) 193; Ch. HOFMANN, Feingerätetechn. **17** (1968) 341.

[6] H. FAULSTICH, G. LOTZ u. H. MÜLLER, Spektrum, Mitt.-Bl. DAW Berlin **14** (1968) 221.

[7] P. GÖRLICH u. H. POHLACK, Feingerätetechn. **18** (1969) 435.

[8] P. GÖRLICH, Instr. Rev. **11** (1964) 482.

[9] Vgl. z. B. W. HUNSINGER, Z. Instr.-Kde **73** (1965) 226; H. JANCKE, Feingerätetechn. **18** (1969) 463; K. SCHMIDT, Feingerätetechn. **19** (1970) 481; K. HÄUSER, Microtecnic **26** (1972) 85; K. SCHMIDT, Feingerätetechn. **21** (1972) 193.

[10] Vgl. P. GÖRLICH u. W. FALTA, Leopoldina (3) Heft 8/9 (1962/1963) S. 203.

[11] Vgl. D. E. SECHURIN, Wiss.-techn. Inform. (russ.) **5** (1971) 5, Serie 1.

[12] P. GÖRLICH, Feingerätetechn. **13** (1964) 391.

[13] Vgl. z. B. D. J. KROON, Philips Techn. Rundsch. **21** (1959/60) 274; K. SCHEFFLER, Chemiker-Zeitung **87** (1963) 619; F. SCHNEIDER, Z. Instr.-Kde **71** (1963) 315; **72** (1964) 11; E. FLUCK, W. KERLER u. W. NEUWIRTH, Angew. Chemie **75** (1963) 461; K. GUSTAV, Wiss. Z. Ernst-Moritz-Arndt-Univ. Greifswald **16** (1967) 167; G. KOCH, Bericht über Vortrag Tagung Kern- u. Elektronenresonanz, Leipzig Sept. 1969; R. L. MÖSSBAUER, Naturwiss. **58** (1971) 164; Abstracts Conf. Mößbauerspektr. Dresden 1971 (herausgegeben von Phys. Ges. DDR u. Zentralinst. Phys. Chem. DAW Berlin); J. J. SPIJKERMAN, American Laboratory Heft 11 (1971) 29.

[14] Vgl. z. B. W. L. SHEVEL, H. appl. Phys. **38** (1967) 915; N. N. GREENWOOD, Endeavour **27** (1968) 33.

[15] P. GÖRLICH, Feingerätetechn. **10** (1961) 438; Ber. Arbeitssymp. Kommission Spektroskopie in Abhandl. DAW zu Berlin 1964 Nr. 6; K. BÜRNER, Z. Instr.-Kde **73** (1965) 273; J. R. WARN, Instrument Rev. **15** (1968) 234; W. R. WILLIG, Nuclear Inst. and Methods **96** (1971) 615; R. J. REYNOLDS and E. L. PIERSON, American Laboratory Heft 8 (1971) 27; J. E. HARRIES and P. A. R. ADE,

Infrared Phys. **12** (1972) 81; geschichtliche Betrachtungen, P. GÖRLICH, Vortr. u. Schriften DAW zu Berlin Heft 66 (1960) S. 5; H. JANCKE, ebenda, S. 27.

[16] P. GÖRLICH, H. MOENKE u. LIESELOTTE MOENKE-BLANKENBURG, Jenaer Jahrb. 1959 I, S. 154.

[17] H. MOENKE u. L. MOENKE-BLANKENBURG, Optische Bestimmungsverfahren und Geräte für Mineralogen und Chemiker, Techn.-Phys. Monogr. Bd. 16, Akademische Verlagsges. Leipzig 1965.

[18] I. EBERT u. G. SEIFERT, Kernresonanz im Festkörper, Techn.-Phys. Monogr. Bd. 18, Akad. Verlagsges. Leipzig 1966.

[19] L. A. BLJUMENFELD, W. W. WOJEWODSKI u. A. G. SEMJONOW, Die Anwendung der paramagnetischen Elektronenresonanz in der Chemie, Techn.-Phys. Monogr. Bd. 19, Akad. Verlagsges. Leipzig 1966.

[20] H. MOENKE u. L. MOENKE-BLANKENBURG, Einführung in die Laser-Mikro-Emissionsspektralanalyse, Techn.-Phys. Monogr. Bd. 21, Akad. Verlagsges. Leipzig 1968.

[21] F. LÖWE, Optische Messungen, Techn. Fortschrittsber. Verlag Theodor Steinkopff, Dresden/Leipzig 1954.

[22] E. STEGER, Einführung in die angewandte Spektroskopie, Lehrbriefe für Fernstudium, VEB Verlag Technik Berlin 1969.

[23] A. E. S. GREEN, The Middle Ultraviolet, John Wiley and Sons, New York/London/Sydney 1966.

[24] R. A. SAWYER, Experimental Spectroscopy, Dover Publications New York 1963.

[25] H. SCHELLER, Einführung in die angewandte spektrochemische Analyse, VEB Verlag Technik Berlin 1953.

[26] G. GEPPERT, Experimentelle Methoden der Molekülspektroskopie, Akademie-Verlag Berlin 1964.

[27] I. KÖSSLER, Methoden der Infrarot-Spektroskopie in der chemischen Analyse, Akad. Verlagsges. Leipzig 1961.

[28] XII. Coll. Spectroscopicum Internationale Exeter, Hilger u. Watts. Ltd. London 1965.

[29] W. SCHRÖN u. L. ROST, Atom-Spektralanalyse, VEB Verlag für Grundstoffindustrie, Leipzig 1969.

[30] G. MEMMER, Infrarot-Spektroskopie, Francklinsche Verlagsbuchhandlung Stuttgart 1969.

[31] Vgl. H. RIEGLER u. E. WINTER, Jenaer Rundschau **13**, Messesonderheft (1968) S. 68; **15**, Messesonderheft (1970) S. 85.

[32] L. MOENKE-BLANKENBURG u. J. MOHR, Jenaer Jahrb. 1969/70, S. 195; L. MOENKE-BLANKENBURG u. W. QUILLFELDT, Jenaer Rundschau **17** (1972) 91.

[33] W. FALTA u. W. WREDE, Jenaer Rundschau **16**, Heft 5 (1971) S. 272; W. NEBE, Feingerätetechn. **20** (1971) 554; J. R. BIRCH, Infrared Physics **12** (1972) 29; G. W. CHANTRY, J. W. FLEMING, D. W. E. FULLER and H. A. GEBBIE, Infrared Physics **12** (1972) 35.

[34] W. NEBE, Analytische Interferometrie, Techn.-Phys. Monogr. Bd. 24, Akad. Verlagsges. Leipzig 1970.

[35] H. RIEGLER u. O. SCHIEK, Lebensmittel-Ind. Heft 11 (1970) S. 1; W. STRUBE u. D. SCHOLZE, Lebensmittel-Ind. Heft 11 (1970) S. 2.
[36] Vgl. z. B. P. SCHULZE, Z. Instr.-Kde **73** (1965) 267.
[37] L. OTTO, Jenaer Rundschau **17** (1972) 72.
[38] H. BEYER, Theorie u. Praxis des Phasenkontrastverfahrens, Techn.-Phys. Monogr. Bd. 17, Akad. Verlagsges. Leipzig 1965.
[39] W. KRUG, J. RIENITZ u. G. SCHULZ, Beiträge zur Interferenz-Mikroskopie, Akademie-Verlag Berlin 1961; engl. Ausgabe Hillger and Watts Ltd. 1964.
[40] M. HAITINGER, Fluoreszenz-Mikroskopie, Akademische Verlagsges. Leipzig 1959.
[41] W. O. OETTEL, Grundlagen der Metallmikroskopie, Akadem. Verlagsges. Leipzig 1959.
[42] G. STADE u. H. STAUDE, Mikrophotographie, Akadem. Verlagsges. Leipzig 1958.
[43] F. HAUSER, Das Arbeiten mit auffallendem Licht in der Mikroskopie, Akadem. Verlagsges. Leipzig 1960.
[44] L. OTTO, Durchlichtmikroskopie, VEB Verlag Technik Berlin 1959.
[45] H. BOEGEHOLD, Das optische System des Mikroskops, VEB Verlag Technik Berlin 1958.
[46] L. OTTO, Das Mikroskop, Urania-Verlag Leipzig/Jena 1957.
[47] L. OTTO, Der Mikromanipulator und seine Hilfsgeräte, VEB Verlag Technik Berlin 1954.
[48] Vgl. z. B. G. SCHRÖDER, Feinwerktechn. **71** (1967) 551; M. COLE, American Laboratory Heft 6 (1971) 19.
[49] G. WERZ, Z. wiss. Mikroskopie **65** (1963) 265.
[50] P. GÖRLICH, Wiss. Ann. **5** (1956) 724; R. A. SUNSHINE and N. GOLDSMITH, RCA-Rev. **33** (1972) 383; F. D. ERNST, Bild u. Ton **25** (1972) 325.
[51] Vgl. z. B. H. BOERSCH, Mikroskopie **21** (1966) 122.
[52] Zus. Darst. z. B. W. D. RIECKE, VDI-Zeitschr. **110** (1968) 291.
[53] E. HORNBOGEN, Durchstrahlungselektronenmikroskopie fester Stoffe, Bd. 1 Reihe „Werkstoffe-Aufbau, Eigenschaften, Untersuchung, Anwendung", Verlag Chemie GmbH., Weinheim 1971; P. W. HAWKES, Electron Optics and Electron Microscopy, Taylor and Francis Ltd., London 1972.
[54] Vgl. etwa H. ORTH, Chemie-Anlagen und -Verfahren Heft 4 (1968) S. 51.
[55] P. GÖRLICH, Feingerätetechn. **14** (1965) 347; zur Geschichte der Feinmeßgeräte vgl. E. Hultzsch, Jenaer Rundschau **16** (1971) 283.
[56] E. GRÖDEL, Jenaer Rundschau **16** (1971) 281; K. ROSENHAUER, VDI-Zeitschr. **110** (1968) 287.
[57] P. WERKMEISTER, Geodätische Instrumente, Techn.-Phys. Monogr. Bd. 1, Akad. Verlagsges. Leipzig 1950.
[58] H. SCHÖLER, Feingerätetechn. **20** (1971) 539; Jenaer Rundschau **16** (1971) 277.
[59] Vgl. z. B. H. KREIBIG, Jenaer Rundschau **17** (1972) 120; W. PERLWITZ, Jenaer Rundschau **17** (1972) 126.
[60] Z. GYÖRKE u. F. KARSAY, Jenaer Rundschau **17** (1972) 129; **17** (1972) 134; H. HEYDENREICH, Technik **27** (1972) 267.
[61] A. HASSAN AHMED EL-BEIK u. A. N. SCHOFIELD, Jenaer Rundschau **17** (1972) 144.

[62] K. Regensburger, Jenaer Rundschau **17** (1972) 137.
[63] F. Ackerl, Forschungen u. Fortschritte **40** (1966) 205.
[64] B. Bugyi, Jenaer Rundschau **17** (1972) 149.
[65] Y. Väisälä u. L. Oterma, Veröff. des Finn. Geodät. Inst., Helsinki 1960.
[66] H. Letsch, Jenaer Rundschau **16** (1971) 333.
[67] S. van den Bergh, Sky and Telescope **27** (1964) No 5; H. G. Beck, G. Jenaer Rundschau **16** (1971) 275; über Quasare vgl. G. S. Bisnovatyj-Kogan u. B. V. Komberg, Wiss. u. Fortschr. (1969) S. 254, 316.
[68] Vgl. z. B. C. F. Weiss, Prinzipien der kernphysikalischen Meßmethoden, in G. Hertz, Grundlagen u. Arbeitsmethoden der Kernphysik, Akademie-Verlag, Berlin 1957; W. Hartmann, Kernphysikalische Meßgeräte, ebenda.
[69] H. Hertz, Lehrbuch der Kernphysik, B. G. Teubner Verlagsges. Leipzig, Bd. 1 1958, Bd. 2 1960, Bd. 3 1962.
[70] W. Espe u. A. Kuhn, Elementare Grundlagen der Kernphysik, Akad. Verlagsges. Leipzig 1961.
[71] H. Pose, Einführung in die Physik des Atomkerns, VEB Deutscher Verlag der Wiss., Berlin 1971.
[72] Vgl. z. B. R. Wolf, Röntgenpraxis **22** (1969) 25.
[73] Vgl. H. Weinhold, Jenaer Rundschau **16** (1971) 280.
[74] K. Velhagen, Jenaer Rundschau **16** (1971) 295.
[75] D. W. Comberg, Jenaer Rundschau **17** (1972) 24; J. L. M. Rosalen, Jenaer Rundschau **16** (1971) 307; F. Redi, Jenaer Rundschau **17** (1972) 29.
[76] Vgl. P. Görlich u. K. Schuster, Materialprüfung mit Ultraschall, Hauptvorträge der Jahrestagung 1956 des Verbandes Deutscher Physikal. Gesellschaften, Physik-Verlag Mosbach-Baden 1957.
[77] Vgl. z. B. G. Wegel, Feingerätetechn. **20** (1971) 563; L. Herforth u. M. Winter, Ultraschall, B. G. Teubner Leipzig 1958.
[78] W. Krug u. H.-G. Weide, Wissenschaftliche Photographie in der Anwendung, Techn.-Phys. Monogr. Bd. 25, Akad. Verlagsges. Leipzig 1972.
[79] K. Y. Kondratyev, The Indian and Eastern Eng., 108th Anniversary Number (1966); F. R. Huber, Funk-Techn. Nr. 15 (1968) S. 563; R. T. Fletcher, Med. and Biol. Illustr. **19** (1969) S. 36; F. D. Ernst, Research Film **7** (1970) 31.
[80] E. Rabe, Jenaer Rundschau **17** (1972) 57; E. Fischer, Feingerätetechn. **21** (1972) 323.
[81] F. Früngel, VDI-Zeitschr. **109** (1967) 518; vgl. auch 8. Internat. Kongreß für High-Speed-Photographie, Photo-Techn. u. -Wirtschaft Nr. 9 (1968) S. 362; V. A. Babits, Photogr. Appl. **7** (172) 22.
[82] Vgl. K. Herda, H. Mattigk u. O. Ritter, Jenaer Rundschau **11**, Messesonderheft (1966); P. Görlich, K. Herda u. H. Schöler, Internat. Archives of Photogrammetry Lausanne **17** (1969) Part 5, lfd. Nr. 18.
[83] P. Görlich, messen — steuern — regeln **14** (1971) 171; H. Syrbe, Elektrotechn. Z. **89** (1968) 530; P. Görlich u. H. Lucas, Vermessungstechn. 8 (1960) 121.
[84] Vgl. zur Datenflußkette z. B. A. Mauro, Instruments Contr. Syst. **84** (1961) 1649; H. F. Meuche, Technik **21** (1966) 364; E. Mühlhausen, messen — steuern —

regeln **10** (1967) 189; J. Dittmann, Arch. techn. Messen (ATM) J 080—F3 (1967); W. de Beauclair, Industrie-Anzeiger **89** (1967) 13; Ch. Schlier, Meßtechn. **76** (1968) 147; G. Klein, Elektrotechn. Z. **20** (1968) 661; F. Klose, Elektrotechn. Z. **20** (1968) 666; U. Radke, Int. Elektron. Rundsch. (1968) S. 186; K. Schulte-Lippern. Funk-Techn. (1969) S. 284; G. Naumann, 5. Wiss. Kongr. der DGMA, Leipzig (1970); H. Körner, ebenda; J. J. Rienzo and E. F. Tarbox, Electron. World **84** (1970) 44; R. N. Noyce, Electron. World **84** (1970) 46; H.-E. Steinhagen, radio fernsehen elektronik **21** (1972) 109; E. Mühlhausen, G. Sedlacek u. H. Zahn, radio fernsehen elektronik **21** (1972) 113; K.-H. Kleinau, Technik **27** (1972) 241; S. Junge, radio fernsehen elektronik **21** (1972) 146.

[85] H. Futh, Die Technik der elektronischen Datenverarbeitung, Hardware-Software, R. Oldenbourg Verlag München—Wien 1970; R. Klein, Automatisierungsanlagen, VEB Verlag Technik, Berlin 1972.

[86] I. Flores, Softwaretechnik, Berliner Union Verlag Stuttgart 1969; J. Ranft, FORTRAN-Programmierung u. numerische Methoden für Naturwissenschaft u. Technik, B. G. Teubner Verlagsges. Leipzig 1972.

[87] W. Cimander u. H. Stürtz, Automaten-Theorie und Anwendung in der digitalen Schaltungstechnik, VEB Verlag Technik Berlin 1972.

[88] P. Görlich u. W. Skarus, messen — steuern — regeln **13** (1970) 172; H. Stahn, messen — steuern — regeln **15** (1972) 73.

[89] H. Fuchs, 5. Wiss. Kongr. der DGMA, Leipzig (1970); H. Stahn, Z. elektr. Inform.- u. Energietechn. **1** (1971) 86.

[90] K. Eckert, radio fernsehen elektronik **17** (1968) 199.

[91] Ebert-Jürres, Digitale Meßtechnik, VEB Verlag Technik Berlin 1971.

[92] Vgl. z. B. H. Weidemann u. M. Kemnitz, Elektrotechn. Z. **20** (1968) 413.

[93] Vgl. z. B. P. Görlich u. H. Kortum, Feingerätetechn. **8** (1958) 152; Acta Imeko 1958; P. Görlich, Leipziger Universitätsreden, Neue Folge Heft 20 (1961).

[94] Vgl. z. B. H. Moenke, Ber. deutsch. Ges. geol. Wiss. B **13** (1968) 323; K. Beyer, B. Hahn u. K. Pfeifer, Jenaer Rundsch. **15** (1970) 13.

[95] Vgl. z. B. G. Fehlkamm, Jenaer Rundsch. **12** (1967) 327.

[96] Vgl. z. B. L. Kramer, G. Möbius u. E.-P. Hasenfelder, Jenaer Rundsch. **12** (1967) 55; R. C. Milward, C. Irslinger u. H. Lossau, messtechnik **79** (1971) 247.

[97] Vgl. H. Kienitz u. R. Kaiser, Fres. Z. f. analyt. Chemie **222** (1966) 119; G. Seifert, 5. Wiss. Kongr. der DGMA, Leipzig (1970); A. Franck, Chemiker-Ztg. **92** (1968) 115.

[98] W. Nebe, H. Riegler u. W. Menzel, Jenaer Rundsch. **13** (1968) 224; H.-J. Schmidt, Jenaer Rundsch. **13** (1968) 228.

[99] P. Görlich u. H.-G. Reichardt, Feingerätetechn. **16** (1967) 338; Int. EAR (Electronic and Aerospace Report) **2**, No. 3, 11 (1968); Instruments India No. 5, 14 (1968); Industrie Elektrik u. Elektronik **13** (1968) 77; Electronique **81** (1968) 262; W. Lotze, 5. Wiss. Kongr. der DGMA, Leipzig (1970).

[100] N. N., Der Elektroniker **7** (1968) 47; P. Ulrich, D. Otto u. St. Felber, Der Maschinenbau **18** (1969) 171.

[101] M. Missbach, Techn. Information 6 (1968) Heft 3, 9; G. Stiller, J. Slotta u. Chr. Reiche, Spektrum **15** (1969) 80; O. Röher u. D. Frenz, Medizintechn. **9** (1969) 96; J. Obraz, 5. Wiss. Kongr. der DGMA, Leipzig (1970).

[102] P. Görlich, VEB Carl Zeiss Jena-Nachrichten 9. Folge, Heft 4/5 (1962) S. 150.

[103] Vgl. z. B. R. Paul, Nachrichtentechn. **15** (1965) 412; S. Forte, das electron, Heft 11/12 (1965) 202; G. S. Licht, automatik **11** (1966) 1; D. King u. L. Stern, Int. Elektron. Rundsch. **20** (1966) 623, 700; D. Goecke, Microtecnic **21** (1967) 491; J. Krämer, Elektronik Heft 9 (1967) 263; T. R. Thorkelson, Int. Elektron. Rundsch. **21** (1967) 81; R. P. Pritchard, Arch. Elektrotechn. **51** (1967) 214; K. Tarnay, messen — steuern — regeln **10** (1967) 450; T. W. O' Keeffe and R. M. Handy, Solid-State Electronics **11** (1968) 261; W. Röpke u. B. Löbner, Wiss. Z. TH Karl-Marx-Stadt **10** (1968) 165; D. Reiher, Funkschau Heft 19 (1968) 591; E. Langer, Int. Elektron. Rundsch. **23** (1969) 149; W. v. Münch, Techn. Mitt. **62** (1969) 54.

[104] W. Hartmann, Feingerätetechn. **20** (1971) 3; S. Hildebrand, Feingerätetechn. **20** (1971) 7.

[105] E. Gelder, Leitz-Mitt. Wiss. u. Techn. **11** (1963) 161; K. K. Schnegraf, Int. Elektron. Rundsch. **18** (1964) 189; R. C. Ingraham u. W. E. Zwingers, Int. Elektron. Rundsch. **21** (1967) 91; J. W. Lathrop, Arch. Elektrotechn. **51** (1967) 238; U. Mohr u. H. Richter, Feingerätetechn. **17** (1968) 181; K. Günther u. J. Scheiding, Funk-Techn. Nr. 15 (1968) 568; D. A. Mlynski, Elektronik-Anzeiger **1** (1969) 201; W. Krause, Feingerätetechn. **19** (1970) 424.

[106] Vgl. z. B. G. W. A. Dummer, Elektro-Anzeiger **21** (1968) 19.

[107] O. Bohn, radio u. fernsehen **15** (1966) 740; H. Motz, Elektronik Heft 8 (1967) 241.

[108] M. B. Heritage, New Scientist Nov.-Heft, 408 (1967).

[109] H. Schindler, Elektrotechn. Z. **87** (1966) 939.

[110] Vgl. zus. Darst. P. Görlich, Sitzungsber. Sächs. Akad. Wiss. Leipzig, math.-naturwiss. Kl. **110** (1972) Heft 1.

[111] J. L. Klimontowitsch, Laser und nichtlineare Optik, B. G. Teubner Leipzig 1971.

[112] N. Sobolew, Die Laser und ihre Zukunft, B. G. Teubner Leipzig 1972.

[113] Vgl. G. Seifert, Atompraxis **13** (1967) 403; J. W. Gardner, New Scientist **35** (1967) 15; F. Früngel, VDI-Zeitschr. **109** (1967) 801; E. Engelhard, Ind.-Elektrik **13** (1968) 408; F. Eichhorn, G. R. Lohrmann u. H.-J. Oppe, Elektro-Anzeiger **22** (1969) 38; W. Englisch, Elektrotechn. Z. **22** (1970) 495; A. Tucker, Elektronik-Anzeiger **2** (1970) 6; DISA Information Nr. 12, 5—37 (1971); Appl. Phys. Lett. **19** (1971) 283; Nature **234** (1971) 21; Appl. Phys. Lett. **19** (1971) 283.

[114] W. Demtröder, Laser Spectroscopy, Fortschr. der chem. Forschung Bd. 14, Springer-Verlag Berlin—Heidelberg—New York 1971.

[115] C. Grosskopf, Funk-Techn. Nr. 3 (1967) 89; D. Gabor, Optik **28** (1968/69) 437; D. Gabor u. G. W. Stroke, Endeavour **28** (1969) 40; N. Mayer u. H. Hofmann, Rundfunk-Techn. Mitt. **14** (1970) 220; G. Groh, Elektronik Ztg. 8 (1970) 589; G. Henderson, Electro Optics Nr. 12 (1971) 3; J. L. Goldberg u. K. M. O'Toole, Microtecnic **26** (1972) 372.

[116] E. S. BARREKETTE, Applications of Holography Plenum Press, New York/London 1971.
[117] LEHMANN u. MATT, Holography-Technique and Practice, Focal Press London1970.
[118] P. GÖRLICH u. C. HOFMANN, Feingerätetechn. 19 (1970) 49, 101; C. HOFMANN, Feingerätetechn. 19 (1970) 381.
[119] M. SCHUBERT u. B. WILHELMI, Einführung in die nichtlineare Optik, B. G. Teubner Leipzig (1971).
[120] Vgl. z. B. W. REICHEL, Feingerätetechn. 20 (1971) 533.
[121] W. BÄR, VDI-Nachr. 16 (1962) 63; C. HOFMANN u. J. NEUMANN, Jenaer Jahrb. 1969/70, S. 69; C. HOHMANN u. J. KLEBE, Jenaer Jahrb. 1969/70, S. 112; C. HOFMANN u. F. RUDOLPH, Plaste u. Kautschuk 19 (1972) 41; H. HAFERKORN, W. RICHTER u. H. HÄNDEL, Feingerätetechn. 21 (1972) 155; R. L. OHLHABER, Electro-Optical Syst. Design 4 (1972) 18.
[122] R. TIEDEKEN, Faseroptik, Techn.-Phys. Monogr. Bd. 22, Akad. Verlagsges. Leipzig 1967; R. TIEDEKEN, Lehrbuch für den Optikkonstrukteur, VEB Verlag Technik Berlin 1962; F. HODAM, Techn. Optik, VEB Verlag Technik 1965; A. E. CONRADY, Appl. Optics and Optical Design, I. u. II., Dover Publ., Inc., New York 1960.
[123] G. GOLDBACH, Feingereätetechn. 20 (1971) 114.
[124] P. GÖRLICH, Photoeffekte I—III, Akadem. Verlagsges. Leipzig 1962, 1963, 1966.
[125] H. KORTUM u. J. E. MÜLLER, Feingerätetechn. 21 (1972) 166.
[126] H.-J. POHL, Proc. 5th IMEKO-SYMP. Photon-Detectors Bd. I, S. 128 (1971).
[127] H.-I. FRIEHL u. H. WEISE, Jenaer Rundsch. 4 (1959) 93.
[128] Vgl. P. GÖRLICH, W. LÜDKE, A. CHRISTOPH, HJ. GÜLZOW, J. MEINHARDT u. R. REIMANN, Feingerätetechn. 15 (1966) 433; F. TRENDELENBURG, Naturwiss. 53 (1966) 25; P. GÖRLICH, H. KARRAS u. W. LÜDKE, Kristall u. Techn. 2 (1967) 221; P. GÖRLICH, HJ. GÜLZOW, H. KARRAS u. W. LÜDKE, Feingerätetechn. 13 (1964) 49.
[129] Vgl. R. VIEWEG, Kunststoffe 52 (1962) 518; H. PEIBST, R. ROMPE, K. THIESSEN u. K.-T. WILKE, Sitzungsber. DAW Berlin, Klasse Math., Phys. u. Techn. (1964), Nr. 1; R. BERNST, P. FUCHS. P. GÖRLICH, H. KARRAS, W. MEINEL, K. TÖPFER u. W. WREDE, ebenda; U. KIRSCHNER, Industrie-Elektrik 13 (1968) 464; W. BÜKKER, Elektronik-Anzeiger 1 (1969) 31; H. SACKMANN u. D. DEMUS, Fortschr. d. chem. Forsch. 12 (1969) 349; G. EILENBERGER, Plenarvortr. 36. Physikertagung (1971) S. 419; U. HOFMANN, G. RASSMANN, K. KÜHNE, H. FROMMELT u. W. POMPE, Technik 27 (1972) 101; W. SEICHTER, VDI-Zeitschr. 114 (1972) 69.
[130] Vgl. E. DEEG, Umschau Heft 19 (1966) 617; W. GEFFCKEN, Augenoptiker 22 (1967) 42; F. P. SMITH, Optical Spectra Nr. 1, 41 (1969).
[131] H. KARRAS, Feingerätetechn. 19 (1970) 436; W. BUCKEL, Naturwiss. 58 (1971) 177; J. VOLGER, Philips Techn. Rundsch. 29 (1968) 1.
[132] J. E. C. WILLIAMS, Superconductivity and its Applications, Pion Limited London 1970.
[133] B. W. ROBERTS, Superconductive Materials and some of their Properties, Nat. Bur. of Standards, Technical Note 482, Washington 1969.

[134] H. Zerbst, Vakuum-Techn. **12** (1963) 173; J. Volger, das elektron Nr. 1/2 (1964) 14; K. Goser, H. G. Kadereit u. H. Kirchner, Elektron. Rechenanlagen **8** (1966) 278; H. Voigt, Z. Naturfschg. **21a** (1966) 510; H. Walz, Elektronik **15** (1966); R. G. Maier, Z. Metallkde **57** (1966) 874; K. Goser, Elektron. Rechenanlagen **9** (1967) 253; H. G. Kadereit, Elektron. Rechenanlagen **9** (1967) 261; H. Voigt, Z. angew. Phys. **22** (1967) 53; E. Müller u. J. Simmich, Luft- u. Kältetechn., Heft 5 (1967) 233; F. Huth, Technik **23** (1968) 787; F. D. Ernst, P. Gängler u. W. Pilz, Deutsche Stomatol. **20** (1970) 457; J. E. Carroll, American Lab. Nr. 7 (1971) 19.

[135] P. B. Moon u. D. A. O'Connor, Endeavour **23** (1964) 131; N. N. Greenwood, Endeavour **27** (1968) 33.

[136] P. W. Palmberg, G. K. Bohn and J. C. Tracy, Appl. Phys. Letters **15** (1969) 254.

[137] P. Auger, J. Phys. Radium **6** (1925) 205; C. C. Chang, Surface Sci. **25** (1971) 53.

[138] Zus. Darst. vgl. H.-J. Ullrich, S. Däbritz, H. Schreiber u. K. Kleinstück, Technik **26** (1971) 391.

[139] F. Hansen, Konstruktionssystematik, VEB Verlag Technik Berlin 1953; E. Bürger, Automatisierung der technischen Produktionsvorbereitung, Reihe Automatisierungstechn. Bd. 130, VEB Verlag Technik Berlin 1972.

[140] H. Hildebrand, Einführung in die feinmechanischen Konstruktionen, VEB Verlag Technik Berlin 1970.

[141] K.-H. Werler, Feingerätetechn. **20** (1971) 11; V. Igney u. D. Lange, IBM-Nachr. **14** (1964) 2308; G. Stute u. A. Storr, Elektrotechn. Z. **20** (1968) 669.

[142] Vgl. P. Görlich, Feingerätetechn. **14** (1965) 209.

SITZUNGSBERICHTE DER SÄCHSISCHEN AKADEMIE DER WISSENSCHAFTEN ZU LEIPZIG

MATHEMATISCH-NATURWISSENSCHAFTLICHE KLASSE

Band 107

Heft 1 Prof. Dr. OTT-HEINRICH KELLER, Die Homologiegruppen der Flächen 3. Ordnung 1965. 15 Seiten — 8° — M 2,30

Heft 2 Prof. Dr. FRANZ RUNGE, Grignard und die nach ihm benannte Synthese 1966. 17 Seiten — 3 Abbildungen — 8° — M 2,30

Heft 3 Prof. Dr. KARL SCHMALFUSS, Zur Kenntnis der Bodenbildung 1966. 13 Seiten — 4 Tabellen — 8° — M 1,40

Heft 4 Dr. BODO RENSCHUCH, Verallgemeinerungen des Bezoutschen Satzes 1966. 41 Seiten — 8° — M 4,50

Heft 5 Prof. Dr. med. ROLF EMMRICH, Realität und Theorie des Alterns 1966. 20 Seiten — 9 Abbildungen — 8° — M 2,60

Heft 6 Prof. Dr. WILHELM MAIER, Nichteuklidische Volumina 1967. 20 Seiten — 16 Abbildungen — 8° — M 2,80

Heft 7 Dr. LOTHAR VON WOLFERSDORF, Zur Berechnung optimaler Strategien für Spiele über dem Einheitsquadrat mit an der Hauptdiagonalen unstetigen Auszahlungsfunktionen 1968. 53 Seiten — 8° — M 5,70

Band 108

Heft 1 Prof. Dr. PAUL GÖRLICH / Dipl.-Phys. DETLEF GÜLDNER / Dr. HANS-JOACHIM POHL, „Elektronische Spektralmessung“ mit steuerbaren Photovervielfachern 1967. 12 Seiten — 9 Abbildungen — 1 Tabelle — 8° — M 2,10

Heft 2 Prof. Dr. MANFRED GERSCH, Neuroendokrinologie der Insekten 1968. 33 Seiten — 12 Abbildungen — 1 Kunstdrucktafel — 8° —M 4,—

Heft 3 Prof. Dr. HASSO ESSBACH, Die Bedeutung der Morphologie in der Heilkunde 1968. 16 Seiten — 1 Textabb. — 13 Abb. auf 8 Kunstdrucktaf., davon 11 vierfarbig — 8° — M 12,80

Heft 4 Prof. Dr. OTT-HEINRICH KELLER, Über eine Definition von S. Lefschetz in der topologischen Schnittheorie 1969. 29 Seiten — 1 Abbildung — 8° — M 4,—

Heft 5 Prof. Dr. WOLFGANG TUTSCHKE, Das Reziprozitätstheorem für eine Klasse pseudoholomorpher Funktionen mehrerer komplexer Variabler 1969. 19 Seiten — 8° — M 3,30

Heft 6 Prof. Dr. WALTER BREDNOW, Vom Lavater zu Darvin 1969. 31 Seiten — 14 Abbildungen im Anhang — 8° — M 5,50

Heft 7 Prof. Dr. FRANZ RUNGE, Organische Disulfimide in Wissenschaft und Technik 1970. 24 Seiten — 2 Abbildungen — 8° — M 3,60

Band 109

Heft 1 Prof. Dr. ERICH RAMMLER, Über die Theorien der Braunkohlenbrikettentstehung
1970. 38 Seiten — 13 Abb., davon 2 auf 2 Tafeln — 8° — M 4,—

Heft 2 Prof. Dr. WOLFGANG TUTSCHKE, Stammfunktionen komplexwertiger Funktionen
1970. 20 Seiten — 8° — M 3,70

Heft 3 Dr. habil. GÜNTHER EISENREICH, Zur Syzygientheorie und Theorie des inversen Systems perfekter Ideale und Vektormoduln in Polynomringen und Stellenringen
1970. 88 Seiten — 8° — M 11,—

Heft 4 Prof. Dr. med. ROLF EMMRICH, Hochdruck und Hyperlipidämie (Hypercholesterinämie) als Risikofaktoren für die Entstehung der Arteriosklerosen
1971. 23 Seiten — 10 Abbildungen — 4 Tabellen — 8° — M 3,90

Heft 5 Prof. Dr. HANS DRISCHEL, Biologische Rhythmen
1972. 57 Seiten — 31 Abbildungen — 1 Tabelle — 8° — M 6,60 *(vergriffen)*

Heft 6 Prof. Dr.-Ing. Dr. h. c. KURT SCHWABE, Konzentrierte Elektrolytlösungen — Thermodynamische und kinetische Eigenschaften
1972. 49 Seiten — 27 Abbildungen — 2 Tabellen — 8° — M 7,50

Heft 7 Prof. Dr. WOLFGANG TUTSCHKE, Konstruktion von globalen Lösungen mit vorgeschriebenen Singularitäten bei partiellen komplexen Differentialgleichungssystemen
1972. 24 Seiten — 8° — M 4,50

Band 110

Heft 1 Prof. Dr. Dr. h. c. PAUL GÖRLICH, Über die Laser und ihre Anwendung
1972. 24 Seiten — 8° — M 2,30

Heft 2 Prof. Dr. HASSO ESSBACH, Zum Problem der Tumoren im Kindesalter
1972. 24 Seiten — 11 Abbildungen auf 10 Kunstdrucktafeln — 8° — M 6,—

Heft 3 Prof. Dr. med. WALTER BREDNOW, Zur Anthropologie des Schwindels
1973. 17 Seiten — 2 Abbildungen auf 2 Kunstdrucktafeln — 8° — M 2,50

Heft 4 Prof. Dr. Dr. h. c. PAUL GÖRLICH, Betrachtungen über den Wissenschaftlichen Gerätebau
Vorliegendes Heft

Einzel- oder Fortsetzungsbestellungen durch eine Buchhandlung erbeten

Sitzungsberichte bis Band 106
durch das Zentralantiquariat der Deutschen Demokratischen Republik, Leipzig,
ab Band 107 durch den Akademie-Verlag, Berlin, zum Teil noch lieferbar

AKADEMIE-VERLAG · BERLIN

FSC
www.fsc.org
MIX
Papier | Fördert gute Waldnutzung
FSC® C083411

Zeitfracht Medien GmbH
Ferdinand-Jühlke-Straße 7
99095 Erfurt, Deutschland
produktsicherheit@kolibri360.de